AutoUni – Schriftenreihe

Band 115

Reihe herausgegeben von/Edited by
Volkswagen Aktiengesellschaft
AutoUni

Die Volkswagen AutoUni bietet Wissenschaftlern und Promovierenden des Volkswagen Konzerns die Möglichkeit, ihre Forschungsergebnisse in Form von Monographien und Dissertationen im Rahmen der „AutoUni Schriftenreihe" kostenfrei zu veröffentlichen. Die AutoUni ist eine international tätige wissenschaftliche Einrichtung des Konzerns, die durch Forschung und Lehre aktuelles mobilitätsbezogenes Wissen auf Hochschulniveau erzeugt und vermittelt.

Die neun Institute der AutoUni decken das Fachwissen der unterschiedlichen Geschäftsbereiche ab, welches für den Erfolg des Volkswagen Konzerns unabdingbar ist. Im Fokus steht dabei die Schaffung und Verankerung von neuem Wissen und die Förderung des Wissensaustausches. Zusätzlich zu der fachlichen Weiterbildung und Vertiefung von Kompetenzen der Konzernangehörigen, fördert und unterstützt die AutoUni als Partner die Doktorandinnen und Doktoranden von Volkswagen auf ihrem Weg zu einer erfolgreichen Promotion durch vielfältige Angebote – die Veröffentlichung der Dissertationen ist eines davon. Über die Veröffentlichung in der AutoUni Schriftenreihe werden die Resultate nicht nur für alle Konzernangehörigen, sondern auch für die Öffentlichkeit zugänglich.

The Volkswagen AutoUni offers scientists and PhD students of the Volkswagen Group the opportunity to publish their scientific results as monographs or doctor's theses within the "AutoUni Schriftenreihe" free of cost. The AutoUni is an international scientific educational institution of the Volkswagen Group Academy, which produces and disseminates current mobility-related knowledge through its research and tailor-made further education courses. The AutoUni's nine institutes cover the expertise of the different business units, which is indispensable for the success of the Volkswagen Group. The focus lies on the creation, anchorage and transfer of knew knowledge.

In addition to the professional expert training and the development of specialized skills and knowledge of the Volkswagen Group members, the AutoUni supports and accompanies the PhD students on their way to successful graduation through a variety of offerings. The publication of the doctor's theses is one of such offers. The publication within the AutoUni Schriftenreihe makes the results accessible to all Volkswagen Group members as well as to the public.

Reihe herausgegeben von/Edited by
Volkswagen Aktiengesellschaft
AutoUni
Brieffach 1231
D-38436 Wolfsburg
http://www.autouni.de

Weitere Bände in der Reihe http://www.springer.com/series/15136

Daniel Nowak

Ruß- und Aschedeposition in Ottopartikelfiltern

Daniel Nowak
Wolfsburg, Deutschland

Zugl.: Dissertation, Technische Universität Carolo Wilhelmina zu Braunschweig, 2017

Die Ergebnisse, Meinungen und Schlüsse der im Rahmen der AutoUni – Schriftenreihe veröffentlichten Doktorarbeiten sind allein die der Doktorandinnen und Doktoranden.

AutoUni – Schriftenreihe
ISBN 978-3-658-21257-5   ISBN 978-3-658-21258-2   (eBook)
https://doi.org/10.1007/978-3-658-21258-2

Die Deutsche Nationalbibliothek verzeichnet diese Publikation in der Deutschen Nationalbibliografie; detaillierte bibliografische Daten sind im Internet über http://dnb.d-nb.de abrufbar.

Gedruckt auf säurefreiem und chlorfrei gebleichtem Papier

Springer ist ein Imprint der eingetragenen Gesellschaft Springer Fachmedien Wiesbaden GmbH und ist Teil von Springer Nature
Die Anschrift der Gesellschaft ist: Abraham-Lincoln-Str. 46, 65189 Wiesbaden, Germany

Danksagung

An dieser Stelle möchte ich mich ganz herzlich bei Herrn Prof. Dr.-Ing. Peter Eilts und dem Institut für Verbrennungskraftmaschinen der Technischen Universität Carolo Wilhelmina zu Braunschweig für die Übernahme der Betreuung dieser Arbeit bedanken. Seine permanente Unterstützung sowie Gesprächs- und Hilfsbereitschaft haben sehr zum Gelingen dieser Arbeit beigetragen. Ein weiterer großer Dank gilt Herrn Univ. Prof. Dr. techn. Dipl.-Ing. Bernhard Geringer für die Übernahme der Zweitkorrektur. Herrn Prof. Dr.-Ing. Peter Horst möchte ich für die Übernahme des Prüfungsvorsitzes danken.

Darüber hinaus möchte ich Herrn Dr.-Ing. Jörg Theobald für die Unterstützung danken. Sein Interesse am Thema ermöglichte es mir diese Arbeit während meiner Doktorandenzeit anzufertigen. Auch Herrn Dipl.-Ing. Lars Hentschel gebührt ein großer Dank. Aufgrund der beispiellosen Unterstützung von Herrn Dipl.-Ing. (FH) Sebastian Munk möchte ich ihm einen ganz besonderen Dank aussprechen. Seine motivierende Art hat mir sehr geholfen. Auch möchte ich Herrn Dipl.-Ing. (FH) Michael Thiele für das Interesse am Thema danken. Er sorgte dafür, dass ich mich während meiner Doktorandenzeit fast ausschließlich auf meine Promotion konzentrieren konnte.

Darüber hinaus möchte ich Herrn Dipl.-Ing. Jan Twickler für seine Unterstützung danken. Einen außerordentlichen Dank möchte ich weiterhin an Herrn Dipl.-Ing. (FH) Sebastian Usarek richten. Der Aufbau der Partikelmesstechnik ist mit seiner Hilfe realisiert worden und hat uns zudem amüsante Stunden am Motorprüfstand beschert.

An dieser Stelle möchte ich Herrn Daniel Hast einen besonderen Dank aussprechen. Seine strukturierte und stets gewissenhafte Arbeitsweise am Motorprüfstand hat mir jederzeit sehr geholfen. Die hohe Qualität der Messergebnisse ist seiner vorbildlichen Arbeitsweise geschuldet.

Zuletzt möchte ich meinen Eltern, Ulrike und Ulrich Nowak und meinem verstorbenen Großvater Herrmann Bücheler danken. Ihre jahrelange Unterstützung hat mir den Zugang zu einer exzellenten Ausbildung ermöglicht. Die von Ihnen vermittelten Werte haben mich nachhaltig geprägt und sind der Grund für das Gelingen dieser Arbeit.

Daniel Nowak

Inhaltsverzeichnis

Abbildungsverzeichnis

Tabellenverzeichnis

Abkürzungen

Abkürzung	Bezeichnung
ACT	Asymmetric Cell Technology
APC	AVL Particle Counter
AVL	Anstalt für Verbrennungskraftmaschinen List
CFD	Computational Fluid Dynamics
CH_4	Methan
CO	Kohlenstoffmonoxid
CO_2	Kohlenstoffdioxid
CPSI	Cells per square Inch
CRT	Countinously Regenerating Trap
DPF	Diesel Particulate Filter
EEPS 3090	Engine Exhaust Particle Sizer 3090
EPA	Environmental Protection Agency
FE	Filtrationseffizienz, Filtration efficiency
Fzg.	Fahrzeug
Gew. - %	Gewichtsprozent
GPF	Gasoline Particulate Filter
MFC	Massenflussregler

MFM	Massenflussmesser
MPPS	Most penetrating Particle Size
NDIR	Nichtdispersives Infrarotmessverfahren
NEFZ	Neuer europäischer Fahrzyklus
NO	Stickstoffmonoxid
NO_2	Stickstoffdioxid
NO_x	Stickoxid (allgemein)
O_2	Sauerstoff (Molekül)
OFA	Open Frontal Area
OPF	Ottopartikelfilter
PKW	Personenkraftwagen
PNC	Particle Number Counter
ppm	Parts per million
RDE	Real Driving Emissions
SCFM	Standard Cubic Feet per Minute
SRC	Standard Road Cycle
THC	Total Hydrocarbons
TWC	Three Way Catalyst
ZDDP	Zinc Dialkyl Dithiophosphate

Formelzeichen und Symbole

Symbol	Einheit	Bezeichnung
$A_{channel}$	m^2	Querschnittsfläche Kanal
A_f	m^2	Gesamtstirnfläche aller Einlasskanäle
$a_{regrSim}$	1	Konst. a Regressionsgleichung Differenzdruck
$a_{regrSimWall}$	1	Konst. a Regressionsgleichung Wandpermeabilität
A_s	m^2	Gesamtstirnfläche des Substrates
$A_{WallEin}$	m^2	Filtrationsoberfläche
$b_{regrSim}$	1	Konst. b Regressionsgleichung Differenzdruck
$b_{regrSimWall}$	1	Konst. b Regressionsgleichung Wandpermeabilität
b_{Wall}	m^4	Passabilität der Substratwand
C_C	1	Cunningham-Faktor
c_{Dilin}	$\dfrac{mg}{m^3}$	Rußmassekonz. an der Messstelle
c_{Dilout}	$\dfrac{mg}{m^3}$	Rußmassekonz. am Eintritt in den Micro Soot Sensor
$c_{regrSim}$	1	Konst. c Regressionsgleichung Differenzdruck
$c_{regrSimWall}$	1	Konst. c Regressionsgleichung Wandpermeabilität
C_{suth}	K	Konst. nach Sutherland
d_{10}	m	Porendurchmesser mit 10 % Wahrscheinlichkeit
d_{50}	m	Porendurchmesser mit 50 % Wahrscheinlichkeit

d_{90}	m	Porendurchmesser mit 90 % Wahrscheinlichkeit
$d_{channel}$	m	Hydraulischer Durchmesser Kanal
d_i	m	Faserdurchmesser
d_p	m	Partikeldurchmesser
d_{pore}	m	Porendurchmesser
d_s	m	Durchmesser Substrat
d_{soot}	m	Schichtdicke Rußablagerungen
d_{Wall}	1	Korrekturkonstante Wandpermeabilitätsgleichung
D_{Wall}	$\dfrac{m^2}{s}$	Diffusionskoeffzient in der Substratwand
dm/dt_{Abgas}	$\dfrac{kg}{h}$	Abgasmassenstrom
$dV/dt_{AbgasvOPF}$	$\dfrac{m^3}{h}$	Abgasvolumenstrom vor OPF
dV/dt_{norm}	$\dfrac{Nm^3}{h}$	Normvolumenstrom
$e_{WallSim}$	Pa	Regressionskonstante Differenzdruckgleichung
F_{stokes}	N	Stokes-Kraft
$f_{WallSim}$	$Pa \cdot m^2$	Regressionskonstante Differenzdruckgleichung
$F(d_{pore})$	1	Verteilungsfunktion Porendurchmesser
$f(t_w)$	1	Weibullfunktion Dichtefunktion
g	$\dfrac{m}{s^2}$	Erdbeschleunigung
k_b	$\dfrac{J}{K}$	Boltzmann-Konst.
$K_{channel}$	1	Konst. des Druckverlustbeiwertes der Rohrreibung

K_{GIWall}	m^2	Berechnete Wandpermeabilität aus Simulation
K_{soot}	m^2	Permeabilität Rußablagerung
K_{Wall}	m^2	Permeabilität der Substratwand
$K_{Wallgesamt}$	m^2	Berechnete Permeabilität aus Einzelpermeabilitäten
$K_{Wallinitial}$	m^2	Berechnete Wandpermeabilität aus Porengefüge
$K_{WallSim}$	m^2	Permeabilität der Substratwand aus Simulation
$K_{WallStart}$	m^2	Startpermeabilität des jeweiligen Ottopartikelfilters
Kn_{Wall}	1	Knudsen-Zahl in der Substratwand
$l_{channel}$	m	Kanallänge
l_s	m	Substratlänge
m_{Asche}	g	Aschebeladung
$m_{AscheOberfläche}$	$\dfrac{g}{m^2}$	Aschebeladung bezogen auf Filtrationsoberfläche
M_{mot}	$N \cdot m$	Motordrehmoment
m_{Pkum}	mg	Eingelagerte Rußpartikelmasse im OPF
$m_{Pkumspez}$	$\dfrac{mg}{m^2}$	Eingelagerte spezifische Rußpartikelmasse im OPF
n_{mot}	$\dfrac{1}{min}$	Motordrehzahl
p_1	Pa	Statischer Gasdruck an Ort 1
p_1	Pa	Statischer Gasdruck an Ort 2
$p_{statInletchannelaxSim}$	Pa	Statischer Druck in Einlasskanalachse aus Simulation
$p_{statOnletchannelaxSim}$	Pa	Statischer Druck in Auslasskanalachse aus Simulation

p_{vOPF}	Pa	Statischer Druck vor OPF aus Messung
$P_{WallTotal}$	%	Prozentsatz Wanddruckverlust an totalem Druckverlust
R	1	Größenfaktor Partikeldurchmesser zu Faserdurchmesser
$Re_{channel}$	1	Reynoldszahl im Kanal
Re_{Wall}	1	Reynoldszahl in der Substratwand
R_{iAbgas}	$\dfrac{J}{kg \cdot K}$	Spezifische Gaskonstante Abgas vor OPF
$S_{AschespezGrad\eta_{FEOPF}}$	$\dfrac{\% \cdot m^2}{g}$	Spez. Aschesensibilitätsgradient bzgl. der Filtrationsrate
$S_{Aschespez\Delta p}$	$\dfrac{Pa \cdot m^2}{g}$	Spez. Aschesensibilität bzgl. des Differenzdrucks
$S_{Aschespez\eta_{FEOPF}}$	$\dfrac{\% \cdot m^2}{g}$	Spez. Aschesensibilität bzgl. der Filtrationseffizienz
s_w	m	Wandstärke der Substratwand
Stk	1	Stokes-Zahl
Stk_{eff}	1	Effektive Stokes-Zahl
T_{0suth}	K	Referenzgastemperatur nach Sutherland
T_{Dilin}	K	Gastemperatur an der Messstelle
T_{Dilout}	K	Gastemperatur am Eintritt in Micro Soot Sensor
T_{Gas}	K	Gastemperatur
T_{vOPF}	K	Abgastemperatur vor OPF aus Messung
$U_{channel}$	m	Umfang Kanal
t_w	1	Variable der Weibullfunktion Dichtefunktion
v_1	$\dfrac{m}{s}$	Strömungsgeschwindigkeit an Ort 1

v_2	$\dfrac{m}{s}$	Strömungsgeschwindigkeit an Ort 2
$v_{axchannelSim}$	$\dfrac{m}{s}$	Axiale Strömungsgeschwindigkeit in Kanalachse
$v_{channel}$	$\dfrac{m}{s}$	Strömungsgeschwindigkeit im Kanal
v_{in}	$\dfrac{m}{s}$	Strömungsgeschwindigkeit am Einlass
v_{out}	$\dfrac{m}{s}$	Strömungsgeschwindigkeit am Auslass
v_{Wall}	$\dfrac{m}{s}$	Anströmungsgeschwindigkeit Filterwand
v_{WallFE}	$\dfrac{m}{s}$	Strömungsgeschwindigkeit in den Poren der Filterwand
$v_{WallSim}$	$\dfrac{m}{s}$	Anströmungsgeschwindigkeit Filterwand aus Simulation
$x_{channel}$	m	Axiale Position im Kanal bzw. Substrat
z_1	m	Geodätische Höhe an Ort 1
z_2	m	Geodätische Höhe an Ort 2
α_w	1	Konst. der Weibullverteilung
β_w	1	Konst. der Weibullverteilung
γ_w	1	Konst. der Weibullverteilung
ΔK_{Wall}	m^2	Wandpermeabilitätsabnahme
$\Delta p_{channel}$	Pa	Statischer Differenzdruck infolge Kanalreibung
Δp_{in}	Pa	Statischer Differenzdruck am Einlass durch Kontraktion
Δp_{OPF}	Pa	Statischer Differenzdruck OPF aus Messung
$\Delta p_{OPFchannelSim}$	Pa	Statischer Differenzdruck Kanal aus Simulation

Δp_{OPFSim}	Pa	Statischer Differenzdruck OPF aus Simulation
$\Delta p_{OPFWallSim}$	Pa	Statischer Differenzdruck Substratwand aus Simulation
Δp_{out}	Pa	Statischer Differenzdruck am Auslass durch Expansion
$\Delta p_{relativOPF}$	$\%$	Relative Differenzdruckzunahme OPF aus Messung
Δp_{Sim}	Pa	Differenzdruck aus Simulation allgemein
Δp_{stat}	Pa	Statischer Differenzdruck
Δp_{V}	Pa	Totaler Druckverlust
Δp_{Wall}	Pa	Statischer Differenzdruck infolge Wanddurchströmung
$\Delta\Delta p_{OPF}$	Pa	Differenzdruckanstieg OPF aus Messung
$\Delta\Delta p_{OPFSim}$	Pa	Differenzdruckanstieg OPF aus Simulation
$\Delta\eta_{FEOPF}$	Pa	Filtrationseffizienzanstieg OPF
ε	1	Porosität
ε_{soot}	1	Porosität Rußablagerungen
η_{0suth}	Pas	Dynamische Referenzgasviskosität nach Sutherland
$\eta_{channel}$	Pas	Dynamische Gasviskosität im Kanal
η_{FED}	1	Filtrationseffizienz infolge Diffusion
η_{FEI}	1	Filtrationseffizienz infolge Impaktion
η_{FEOPF}	$\%$	Filtrationseffizienz OPF
η_{FER}	1	Filtrationseffizienz infolge Interzeption
η_{suth}	Pas	Dynamische Gasviskosität nach Sutherland

η_{tot}	1	Totale Filtrationseffizienz
η_{Wall}	Pas	Dynamische Gasviskosität in Filterwand
λ_{Wall}	m	Mittlere freie Weglänge Gasmoleküle in Filterwand
μ_{Wall}	$\dfrac{m^2}{s}$	Kinematische Gasviskosität in der Substratwand
ξ_{in}	1	Druckverlustbeiwert am Einlass
ξ_{out}	1	Druckverlustbeiwert am Auslass
π	1	Kreiszahl
ρ_1	$\dfrac{kg}{m^3}$	Gasdichte an Ort 1
ρ_2	$\dfrac{kg}{m^3}$	Gasdichte an Ort 2
ρ_{carbon}	$\dfrac{kg}{m^3}$	Dichte Kohlenstoff, hexagonale Gitterstruktur
$\rho_{channel}$	$\dfrac{kg}{m^3}$	Gasdichte im Kanal
ρ_{in}	$\dfrac{kg}{m^3}$	Gasdichte am Einlass
ρ_{out}	$\dfrac{kg}{m^3}$	Gasdichte am Auslass
ρ_p	$\dfrac{kg}{m^3}$	Partikeldichte
ρ_{Wall}	$\dfrac{kg}{m^3}$	Gasdichte in der Substratwand
σ_s	$CPSI$	Substratzelligkeit

Definitionsgleichungen

Symbol	Einheit	Gleichung
d_{soot}	m	$d_{soot} = \dfrac{m_{Pkumspez}}{\rho_{carbon}(1 - \varepsilon_{soot})}$
$dV/dt_{AbgasvOPF}$	$\dfrac{m^3}{s}$	$dV/dt_{AbgasvOPF} = \dfrac{dm/dt_{Abgas} \cdot R_{iAbgas} \cdot T_{vOPF}}{p_{vOPF}}$
K_{GlWall}	m^2	$K_{GlWall} = \dfrac{\varepsilon}{214} \cdot \dfrac{\sum_{i=1}^{n} d_n \cdot f(t = d_n)}{\sum_{i=1}^{n} \dfrac{d_n \cdot f(t = d_n)}{d_n^2}}$
K_{soot}	m^2	$K_{soot} = \dfrac{d_{soot}}{\dfrac{s_w}{K_{WallSim}} + \dfrac{s_w}{K_{WallStart}}}$
$m_{AscheOberfläche}$	$\dfrac{g}{m^2}$	$m_{AscheOberfläche} = \dfrac{m_{Asche}}{A_{WallEin}}$
$S_{AschespezGrad\eta_{FEOPF}}$	$\dfrac{\% \cdot m^2}{g}$	$S_{AschespezGrad\eta_{FEOPF}}(Re_{Wall}) = \dfrac{dS_{Aschespez\eta_{FEOPF}}(Re_{Wall})}{dRe_{Wall}}$
$S_{Aschespez\Delta p}$	$\dfrac{Pa \cdot m^2}{g}$	$S_{Aschespez\Delta p}(Re_{Wall}) = \dfrac{\Delta\Delta p_{OPF}(Re_{Wall})}{m_{AscheOberfläche}}$
$S_{Aschespez\eta_{FEOPF}}$	$\dfrac{\% \cdot m^2}{g}$	$S_{Aschespez\eta_{FEOPF}}(Re_{Wall}) = \dfrac{\Delta\eta_{FEOPF}(Re_{Wall})}{m_{AscheOberfläche}}$
v_{Wall}	$\dfrac{m}{s}$	$v_{Wall} = \dfrac{dV/dt_{AbgasvOPF}}{A_{WallEin}}$

Kurzfassung

Die vorliegende Arbeit mit dem Titel „Ruß- und Aschedeposition in Ottopartikelfiltern" thematisiert das Betriebsverhalten von Ottopartikelfiltern. Anhand der durchgeführten Untersuchungen soll das Differenzdruck- und Filtrationsverhalten dieser Bauteile in Abhängigkeit von Asche- und Rußbeladungen evaluiert werden. Darüber hinaus wird das Verhalten von Ottopartikelfiltern hinsichtlich Differenzdruck und Filtrationsrate während der ersten Aufheizphasen im Lebenszyklus beurteilt.

Zur Durchführung der Untersuchungen stehen ein hochdynamischer Motorprüfstand und ein Laborgasprüfstand zur Verfügung. Zur Reduzierung der Aschebeladungsdauer wird ein Schnellveraschungsverfahren unter Verwendung eines modernen Vierzylinder Ottomotors mit Direkteinspritzung und Abgasturboaufladung entwickelt. Zur Steigerung des Ölverbrauchs, welcher die primäre Aschequelle darstellt, wird der zweite Kolbenring aller Zylinder entfernt. Die untersuchten Bauteile werden zur Bewertung des Rußbeladungsverhaltens an einem anderen Ottomotor mit Rußpartikeln beladen.

Während der ersten Aufheizphasen zeigen nur hoch beschichtete Ottopartikelfilter mit Beschichtung auf der Filterwand eine Veränderung des Differenzdruck- und Filtrationsverhaltens. Die Ursache ist anhand der Veränderung der Oberfläche der Beschichtung erklärbar.

Die in die Ottopartikelfilter eingelagerte Ruß- und Aschemasse beeinflusst primär die Permeabilität der Substratwand der Bauteile. Zur Aufschlüsselung dieses Sachverhalts wird unter Zuhilfenahme eines dreidimensionalen CFD-Modells die Permeabilität der Substratwand in Abhängigkeit der Ruß- und Aschebeladung ermittelt. Darüber hinaus erfolgt eine Beurteilung der Filtrationseffizienz in Abhängigkeit der Partikelgröße bei unterschiedlichen Bauteilgeometrien und Aschebeladungen. Die Ergebnisse zeigen, dass sich eine Rußbeladung sehr viel stärker auf das Differenzdruck- und Filtrationsverhalten auswirkt als eine Aschebeladung. Die Permeabilität der Substratwand wird mit steigender Kanalwandoberfläche infolge einer Aschebeladung immer stärker reduziert, wodurch das Differenzdruck- und Filtrationsverhalten stärker beeinflusst wird.

In Abhängigkeit der Beschichtungstechnologie weisen verschiedene Ottopartikelfilter unterschiedliche Reaktionen auf eine Rußbeladung auf. Mit zunehmender Grundpermeabilität der Substratwand wird diese durch eine Rußbeladung immer stärker beeinflusst. Es wird ersichtlich, dass sich das Differenzdruckverhalten in Abhängigkeit der Rußbeladung durch den Einfluss der Rußbeladung auf die Permeabilität der Substratwand und den Einfluss dieser Permeabilität auf den Differenzdruck des Ottopartikelfilters aufteilen lässt. Mit zunehmender Asche- und Rußbeladung weisen Ottopartikelfilter mit moderaten bis hohen Beschichtungsmengen bzw. geringen Wandpermeabilitäten einen Vorteil in der Differenzdruckzunahme auf. Die Ablagerungspermeabilität der Rußschicht ist stark abhängig von der Grundpermeabilität und Aschebeladung des Ottopartikelfilters.

Abstract

The present thesis entitled „Soot- and ash deposition in gasoline particulate filters "treats of the in use behavior of gasoline particulate filters to evaluate the pressure drop and filtration behaviour due to soot and ash depositions. Additionally the behavior of gasoline particulate filters is assessed regarding pressure drop and filtration efficiency during their first in use heat up cycles.

To realise these investigations a high dynamic engine test bench and a laboratory test bench are provided. A fast ash loading procedure is developed to reduce ash loading time using a turbocharged four cylinder gasoline engine with direct injection. To increase the oil consumption, identified to be the primary ash source, the second piston ring of each cylinder is removed. The investigated components are loaded with soot by a second engine to assess the soot loading behavior.

Only gasoline particulate filters with a high coating amount of washcoat on the channel walls show a change of their pressure drop- and filtration behavior during the first heat up cycles. This effect results from the change of the coating surface.

The accumulated ash- and soot mass inside the particulate filters directly affects the permeability of the channel walls. To itemize this fact a three dimensional CFD-model is used to calculate the channel wall permeability in consequence of the soot- and ash load. Furthermore the filtration efficiency for each particulate size is measured for various gasoline particulate filter geometries and ash loadings. The results show that soot loading has greater impact on the pressure drop- and filtration behaviour than ash loading. In case of high channel wall surfaces the permeability of the wall decreases faster due to ash loading compared to a low channel wall surface which results in a greater change of their pressure drop- and filtration behavior.

Depending on the coating technology different GPF's show various reactions as a result of soot loading. The higher the start permeability of the channel wall itself the greater becomes the change of the permeability with soot accumulation. This phenomenon can be divided into two parts. The first is the change of the wall permeability due to soot loading while the second is described by the pressure drop behaviour in consequence of the wall permeability. Gasoline particulate filters with moderate or high coating amounts or low wall permeabilities show a benefit in pressure drop increase due to an ash loading. The soot deposition permeability depends on the start permeability of the channel wall and the ash loading of the gasoline particulate filter.

1 Motivation und Zielsetzung

Der automobile Verkehrssektor bedient sich aufgrund des hohen Entwicklungsgrades des Verbrennungsmotors. Dieses dominierende Antriebskonzept wird durch den Diesel- und Ottomotor abgebildet. Zur Einhaltung zukünftiger Anforderungen ist der Fokus der Aggregateentwicklung permanent auf die stetige Weiterentwicklung sämtlicher Motorkomponenten konzentriert. Diese zukünftigen Anforderungen werden durch kundenspezifische, wie auch politische, wirtschaftliche und umweltbedingte Wünsche definiert. Einen essentiellen Bestandteil dieser Anforderungen generieren die politischen sowie umweltbedingten Wünsche und die damit verknüpfte Emissionsgesetzgebung. Die kontinuierliche Verschärfung der Emissionsanforderungen stellt immer größere Herausforderungen an die Abgasnachbehandlungssysteme wie auch das Brennverfahren konventioneller Verbrennungsmotoren. Im Gegensatz zum derzeitigen Zertifizierungszyklus, dem neuen europäischen Fahrzyklus (NEFZ), sind neue Fahrzyklen ein signifikanter Bestandteil neuer Emissionsgesetzgebungen. Diese neuartigen Fahrzyklen stellen ein kundennäheres Fahrprofil mit höheren Motorlasten dar.

Durch die mit gesteigerten Motorlasten steigenden Schadstoffkonzentrationen und Abgasmassenströme des Aggregats erhöhen sich die Emissionsanforderungen an die Abgasanlage. Neuartige Abgasnachbehandlungssysteme müssen demzufolge eine effiziente Konvertierung gasförmiger Schadstoffe, wie Kohlenstoffmonoxid-, unverbrannte Kohlenwasserstoff- und Stickoxidemissionen ermöglichen. Weiterhin besteht die Forderung der effizienten Filtration von im Motorabgas enthaltenen Feststoffpartikeln. Zu diesem Zweck bietet sich für den Ottomotor eine Abgasnachbehandlungstechnologie ähnlich dem Dieselmotor an. Diese Technologie bedient sich, ähnlich dem Dieselpartikelfilter (DPF), eines keramischen Substrates mit wechselseitig verschlossenen Kanälen. Dieser sogenannte Ottopartikelfilter (OPF, GPF) kann zur Konvertierung gasförmiger Schadstoffe mit einer katalytisch aktiven Beschichtung, wie sie auch im Drei-Wege-Katalysator (TWC) Verwendung findet, beschichtet sein.

Über die Laufzeit des Fahrzeuges werden sich Aschepartikel im Ottopartikelfilter einlagern und dessen Betriebsparameter Differenzdruck und Filtrationseffizienz beeinflussen. Weiterhin wird sich in Abhängigkeit der Laufzeit zyklisch Ruß in den Ottopartikelfilter einlagern. Die Kenntnis über das Differenzdruckverhalten ist für die Entwicklung und Auslegung des Aggregats und dessen Brennverfahren unverzichtbar. Aufgrund der Gesetzesanforderung zur Filtration von Feststoffpartikeln muss auch das Filtrationsverhalten über die Fahrzeuglebensdauer betrachtet werden. Zukünftige Emissionsgesetzgebungen lassen die Fragestellung einer Zertifizierung von Nanopartikeln mit einer Größe kleiner als 23 nm derzeit offen. Aufgrund dieser Tatsache muss besonders das Filtrationsverhalten dieser Nanopartikel betrachtet werden.

Der Einsatz von Ottopartikelfiltern in unterschiedlichen Fahrzeugplattformen erfordert aufgrund unterschiedlicher Bauraumanforderungen verschiedene Geometrien für den Ottopartikelfilter. Zu diesem Zweck werden Verbaupositionen in motornaher Lage nach Turbolader oder nach Drei-Wege-Katalysator präferiert.

© Springer Fachmedien Wiesbaden GmbH, ein Teil von Springer Nature 2018
D. Nowak, *Ruß- und Aschedeposition in Ottopartikelfiltern*,
AutoUni – Schriftenreihe 115, https://doi.org/10.1007/978-3-658-21258-2_1

Zur objektiven Bewertung von Ottopartikelfiltern unterschiedlicher Geometrie und Beschichtung bedarf es eines gerafften Zyklusses zur Evaluation einer Aschepartikelakkumulation. Weiterhin ist es für die Auslegung des Brennverfahrens, des Aufladeaggregats sowie des Emissionierungssystems von besonderem Interesse, wie sich die Betriebsparameter von Ottopartikelfiltern infolge einer Kombination aus Ruß- und Ascheakkumulation verändern. Aufgrund geringer Erfahrungen mit katalytisch aktiven Beschichtungen in Ottopartikelfiltern muss das gegenseitige Verformungsverhalten von Substrat und Beschichtung bei thermischer Belastung bekannt sein.

Die präzise Vorauslegung dieses Bauteils ist notwendig, um den sicheren Betrieb innerhalb der geplanten Lebensdauer zu gewährleisten. Zur Vorauslegung unterschiedlicher Ottopartikelfilter bedarf es detaillierter Kenntnisse bezüglich des Verhaltens dieser Bauteile bei Ruß- und Ascheakkumulation, welche das Ziel dieser Arbeit definieren.

2 Grundlagen zum Partikelfilter

In diesem Kapitel soll das grundlegende Verständnis für den Ottopartikelfilter geschaffen werden. Die Technologie des Partikelfilters mit seinen verfahrenstechnischen Besonderheiten und seiner Materialwahl wurde bisher überwiegend im Hinblick auf die Verwendung an einem Dieselmotor optimiert. Neue Abgasgesetzgebungen seitens der Europäischen Kommission wie z.B. RDE (Real Driving Emissions) führen dazu, dass auch direkteinspritzende Ottomotoren auf einen Partikelfilter angewiesen sind, um die Grenzwerte sicher einzuhalten. (1)

2.1 Substratspezifikationen

Partikelfilter, welche bei PKW-Anwendungen nach dem Vollstromprinzip angewendet werden, werden auch als Wandstromfilter bezeichnet. Nach Eintritt in den Einlasskanal wird das Abgas gezwungen ein poröses Medium, die Filterwand, zu passieren. Innerhalb dieser Filterwand findet die Partikelfiltration statt. Danach verlässt das Abgas den Partikelfilter über den Auslasskanal. (2)

Die Eintrittsstirnfläche eines Partikelfilters besteht in der Regel aus quadratischen Kanälen. Die Eintrittskanäle, welche auf der Eintrittsstirnfläche offen ausgeführt und am Ende mit einem Stopfen versehen sind, bilden den Eintritt der Substratgeometrie. Die Austrittskanäle, welche auf der Eintrittsstirnfläche mit Stopfen versehen und auf der Austrittsstirnfläche offen ausgeführt sind, bilden den Austritt. Abb. 2.1 verdeutlicht das Zellschema mit einem Blick auf die Eintrittsstirnfläche eines Partikelfilters mit quadratischem Zellquerschnitt. (2)

Abb. 2.1: Zellschema Partikelfilter

Die Zellform von Partikelfiltern ist überwiegend quadratisch mit identischen Kanalquerschnitten von Ein- und Auslasskanal ausgeführt. Weichen die Kanalquerschnittsflächen voneinander ab, so wird von einem asymmetrischen Kanalprofil gesprochen. In diesem Fall besitzt der Einlasskanal eine größere Kanalkantenlänge als der Auslasskanal. (3)

© Springer Fachmedien Wiesbaden GmbH, ein Teil von Springer Nature 2018
D. Nowak, *Ruß- und Aschedeposition in Ottopartikelfiltern*,
AutoUni – Schriftenreihe 115, https://doi.org/10.1007/978-3-658-21258-2_2

Diese Form der Zellaufteilung kann bezüglich des Differenzdrucks vorteilhaft sein, da das Aschevolumen im Vergleich zum Kanalvolumen kleiner ist als bei symmetrischer Kanalgeometrie. Jedoch haben solche sogenannten ACT-Partikelfilter (Asymmetric Cell Technology) im frischen Zustand einen Nachteil im Differenzdruck. (3)

Als Substratmaterial haben sich keramische Materialien als besonders vorteilhaft herausgestellt. Sie vereinen geringe Herstellungskosten und eine hohe Beständigkeit gegen mechanische Beanspruchungen. Weiterhin weisen sie eine hohe thermische Beständigkeit und eine hohe Thermoschockbeständigkeit auf. Für Partikelfilteranwendungen im dieselmotorischen Segment haben sich Substrate aus Siliziumkarbid und Aluminiumtitanat als geeignet erwiesen. Aufgrund der hohen Rußmassen im Rohgas eines Dieselmotors und der hohen Rußbeladungen im Partikelfilter entstehen bei der passiven Rußregeneration, welche durch eine Rußoxidation bei hoher Abgastemperatur und sauerstoffreichem Abgas durch Schubbetrieb gekennzeichnet ist, sehr hohe Temperaturen von bis zu 1400 °C, welche vom Substrat aufgenommen werden. Siliziumkarbid weist eine hohe Temperaturbeständigkeit bei moderater thermischer Ausdehnung auf weshalb diese Bauteile in Segmentbauweise hergestellt sind. (2)

Der typische Werkstoff für 3-Wege-Katalysatoren im ottomotorischen Segment ist Cordierit. Er weist eine hohe Thermoschockbeständigkeit sowie eine große chemische Resistenz auf. Der thermische Expansionskoeffizient ist geringer als bei Siliziumkarbid und Aluminiumtitanat. Die geringere Temperaturbeständigkeit eignet sich jedoch für Partikelfilteranwendungen am Ottomotor. Das Abgastemperaturniveau ist höher als beim Dieselmotor, die Regenerationstemperaturen jedoch niedriger. (4)

2.2 Differenzdruck von Partikelfiltern

Der generierte Differenzdruck eines Partikelfilters ist von großer Bedeutung für das gesamte Verhalten des Antriebs. Er beeinflusst die CO_2-Emissionen des Fahrzeugs, sowie das Leistungs- und Drehmomentverhalten des Aggregats und auch die Belastung des Abgasturboladers. Diesbezüglich ist der Differenzdruckauslegung der Abgasanlage und des OPF's eine große Aufmerksamkeit zu widmen.

Für ein fundamentales Verständnis des Differenzdruckverhaltens soll an dieser Stelle auf die unterschiedlichen Differenzdruckanteile im Partikelfilter eingegangen werden. Der Ausdruck für den statischen Druckverlust eines unbeladenen Partikelfilters vom Eintritt des Eintrittskanals bis zum Austritt des Austrittskanals lautet wie folgt (5):

$$\Delta p_{stat} = \Delta p_{in} + \Delta p_{out} + \Delta p_{channel} + \Delta p_{wall} \qquad \text{(Gl. 2.1)}$$

Die Differenzdruckanteile, welche aus dem Ein- und Austritt aus der Substratgeometrie herrühren finden ihren Ursprung in irreversiblen Vorgängen bei der Beschleunigung des Gases am Eintritt und der Verzögerung am Austritt. Folgende Gleichungen beschreiben dieses Verhalten für den laminaren Strömungskasus anhand von Abb. 2.2 für den Druckverlustbeiwert bei Querschnittsverengung:

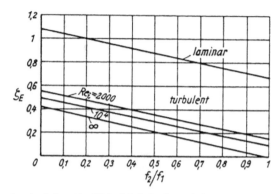

Abb. 2.2: Druckverlustbeiwert in Abhängigkeit der Querschnittsverengung (6)

$$\Delta p_{in/out} = \zeta_{in/out} \frac{\rho_{in/out}}{2} v_{in/out}^2, \quad mit\ \zeta_{in} = -0,415\frac{A_f}{A_s} + 1,08,$$

$$\zeta_{out} = \left(1 - \frac{A_f}{A_s}\right)^2$$

(Gl. 2.2)

In den obigen Gleichungen beschreibt (5):

- $\frac{A_f}{A_s}$ das Querschnittsverhältnis von offener Eintrittsfläche zu Gesamtfläche f_2/f_1 gemäß Abb. 2.2
- $\zeta_{in/out}$ den ein- und austrittsseitigen Druckverlustkoeffizient
- $\rho_{in/out}, v_{in/out}$ die ein- und austrittsseitige Gasdichte- und Geschwindigkeit

Wie ersichtlich ist, hat die OFA direkten Einfluss auf diesen Druckverlustanteil. Gemäß Gl. 2.2 und Abb. 2.2 übersteigt der Eintrittsdruckverlust den Austrittsdruckverlust. Die Auswirkung der höheren Strömungsgeschwindigkeit, infolge des im Austrittsbereich geringeren statischen Drucks, wird durch eine geringere Gasdichte überkompensiert. Diese Gleichungen decken den Fall einer laminaren Strömung im Kanal. Die Reynoldszahlen im Kanal sind überwiegend kleiner als 2300. (7)

Die Reibungsverluste entlang der Kanalwand lassen sich idealisiert mit der Rohrströmung vergleichen. Bei Vernachlässigung von Fertigungsfehlern und Beschädigungen der Kanalinnenwand ist diese hydraulisch glatt. Folgende Gleichung beschreibt dieses Verhalten (5):

$$\Delta p_{channel} = \frac{K_{channel}}{Re_{channel}} \frac{l_{channel}}{d_{channel}} \frac{\rho_{channel}}{2} v_{channel}^2$$

(Gl. 2.3)

In dieser Gleichung beschreibt:

- $v_{channel}$ die axiale Strömungsgeschwindigkeit
- $\rho_{channel}$ die Gasdichte
- $l_{channel}$ die Länge des Kanals
- $d_{channel}$ den hydraulischen Kanaldurchmesser
- $Re_{channel}$ die Reynoldszahl
- $K_{channel}$ den Reibungsparameter

Für die Reynoldszahl gilt (7):

$$Re_{channel} = \frac{\rho_{channel} v_{channel} d_{channel}}{\eta_{channel}} \tag{Gl. 2.4}$$

Hier beschreibt $\eta_{channel}$ die dynamische Gasviskosität. Der hydraulische Durchmesser bestimmt sich zu (8):

$$d_{channel} = \frac{4A_{channel}}{U_{channel}} \tag{Gl. 2.5}$$

$A_{channel}$ bezeichnet die durchströmte Querschnittsfläche und $U_{channel}$ den innerhalb der durchströmten Geometrie benetzten Umfang durch das strömende Fluid. Die Kanalreibungsverluste steigen mit zunehmender Kanallänge an.

Ein essentieller Druckverlustanteil im Partikelfilter wird durch das Durchströmen der porösen Filterwand hervorgerufen. Das Gesetz von Darcy unter Verwendung der Forchheimer-Erweiterung beschreibt den Strömungswiderstand durch ein poröses Medium (9):

$$\frac{dp}{dx} = \frac{\eta_{Wall}}{K_{Wall}} v_{Wall} + \frac{\rho_{Wall}}{b_{Wall}} v_{Wall}^2 \tag{Gl. 2.6}$$

In dieser Gleichung beschreibt dp den differentiellen Druck und dx die differentiell durchströmte Länge des porösen Mediums. Dies ist in nahezu allen Fällen, bei orthogonaler Durchströmungsrichtung, die Wandstärke der filternden Substratwand. Der Parameter η_{Wall} beschreibt die dynamische Gasviskosität und K_{Wall} die Permeabilität der Filterwand. Die Permeabilität beschreibt den Druckverlust des porösen Mediums infolge viskoser Verluste. v_{Wall} stellt die initiale Strömungsgeschwindigkeit dar. Sie kann mittels der Kontinuitätsgleichung ermittelt werden. Der erste Summand auf der rechten Seite von Gl. 2.6 beschreibt die viskosen Druckverluste wohingegen der zweite den Druckverlust infolge von Trägheiten beschreibt. Aus diesem Grund wird in diesem Teil der Gleichung der Fluiddichte ρ_{Wall} und die Passabilität b_{Wall} der porösen Schicht einbezogen. Dieser Druckverlustanteil weist eine quadratische Abhängigkeit von der Strömungsgeschwindigkeit auf. (9)

Zur Berechnung des gesamten Druckverlusts des Partikelfilters werden alle Anteile summiert und es folgt der Zusammenhang:

$$\Delta p_{stat} = \left(-0{,}415 \frac{A_f}{A_s} + 1{,}08\right) \frac{\rho_{in}}{2} v_{in}^2 + \left(1 - \frac{A_f}{A_s}\right)^2 \frac{\rho_{out}}{2} v_{out}^2$$
$$+ \frac{K_{channel}}{Re_{channel}} \frac{l_{channel}}{d_{channel}} \frac{\rho_{channel}}{2} v_{channel}^2 + s_w \left(\frac{\eta_{Wall}}{K_{Wall}} v_{Wall} + \left\{ \frac{\rho_{Wall}}{b_{Wall}} v_{Wall}^2 \right\} \right) \tag{Gl. 2.7}$$

Die Gasgeschwindigkeiten im Kanal sowie in der Substratwand erhält man unter Verwendung der Kontinuitätsgleichung unter Berücksichtigung des freien Strömungsquerschnittes aller Kanäle sowie der inneren Wandoberfläche aller Einlasskanäle. Anhand von Gl. 2.7 wird ein gegenläufiges Verhalten ersichtlich. Wenn sich die Kanallänge vergrößert, nimmt der Druckverlust aufgrund der steigenden Kanalreibung zu. Die vergrößerte Wandoberfläche senkt den Druckverlust infolge Wanddurchströmung. Für einen frischen Partikelfilter ohne Ruß- und Ascheeinlagerung stellt die Länge einen, hinsichtlich des Druckverlusts, zu optimierenden Parameter dar.

Bei Erhöhung der Zelligkeit wird der freie Kanalquerschnitt eingeengt, wodurch der Kanalreibungsdruckverlust infolge geringerer Kanaldurchmesser steigt und der Wanddruckverlust infolge höherer innerer Wandoberflächen reduziert wird. Die mit steigender Zelligkeit abnehmende OFA sorgt zudem für einen erhöhten Druckverlust infolge des Ein- und Ausströmvorgangs aus dem Partikelfilter.

Der Zusammenhang gemäß Gl. 2.7 beschreibt die Differenzdruckanteile eines frischen Diesel-partikelfilters, welche aufgrund eines identischen geometrischen Aufbaus auch für den Otto-partikelfilter verwendet werden können. Im Fahrzeuggebrauch werden sich nach einer gewissen Laufzeit Ruß- und auch Aschepartikel im Filter sammeln. Diese Partikel können das Porenge-füge innerhalb der Filterwand blockieren und der Differenzdruck steigt durch die mit fortschrei-tender Porenverblockung abnehmende Wandpermeabilität an.

Mit zunehmender Ruß- und Aschebeladung werden sich diese Partikel, wenn die Filterwand bereits einen gewissen Füllgrad erreicht hat, auf der Filterwand ablagern. Abhängig von der Schichtstärke der abgelagerten Fraktionen wird der effektive Kanalquerschnitt verringert, wodurch der Druckverlust infolge Kanalreibung steigt. Die Ablagerungen reduzieren die OFA und der Differenzdruck steigt weiter an. Hinzukommend zu der bereits erhöhten Wandstärke durch Ablagerungen wird die innere Wandoberfläche aller Einlasskanäle reduziert und der Wanddruckverlust erhöht. (5)

2.3 Filtrationseffizienz von Partikelfiltern

Unter Beachtung zukünftiger Emissionsgrenzwerte, wie z.b. der ab dem Jahr 2014 in Kraft getretenen EU6 Norm erhalten auch aktuelle Ottomotoren einen streckenbezogenen Partikel-anzahlgrenzwert. Der seit der Emissionsgesetzgebung EU5 eingeführte streckenbezogene Par-tikelmassegrenzwert von 4,5 mg/km bleibt bestehen. Wenngleich der Partikelmassegrenzwert für aktuelle Ottomotoren eine schwache Anforderung darstellt, so generiert der Partikelanzahl-grenzwert von $6 \cdot 10^{11}$ 1/km erhebliche Herausforderungen an die Gemischbildungseinrichtung, die Verbrennung und die Abgasnachbehandlung. Partikelfilter müssen bei ottomotorischer An-wendung zur sicheren Einhaltung des oben genannten Grenzwertes eine entsprechend hohe Filtrationseffizienz aufweisen. In diesem Kapitel soll das fundamentale Verständnis für Filtra-tionsvorgänge in einem Partikelfilter geschaffen werden. (10)

Wird die Partikelgröße mit der mittleren Porengröße der Filterwand verglichen, so wird deut-lich, dass die Partikel ca. um einen Faktor 200 kleiner sind als die Poren innerhalb der Wand. Partikel, welche sich infolge langfristiger Anlagerung mechanisch von den Wandungen der Ab-gas führenden Bauteile lösen und deutlich größer sind als die im Brennraum erzeugten Partikel sollen hier vernachlässigt werden. Der Filtrationsvorgang in einem Partikelfilter basiert auf drei verschiedenen Filtrationsmechanismen. Diese sind der Partikelgröße nach aufgelistet: (11)

- Diffusion
- Interzeption
- Impaktion

Im Folgenden soll auf jeden Filtrationsmechanismus gesondert eingegangen werden. (11)

Diffusion

Das Gesetz von Stokes trifft eine Aussage zur Widerstandskraft auf ein Partikel, welches sich mit einer Relativgeschwindigkeit v_{WallFE} zu einem Gas mit einer gewissen dynamischen Visko-sität bewegt. Folgende Gleichung beschreibt dieses Verhalten (12):

$$F_{stokes} = 3\pi\mu_{Wall}v_{WallFE}d_p \qquad \text{(Gl. 2.8)}$$

Diese Gleichung ist auf alle sphärischen Teilchen anwendbar, deren Durchmesser größer ist als 1 µm. Der Parameter μ_{Wall} beschreibt die kinematische Viskosität des umgebenden Trägergases, v_{WallFE} beschreibt die Strömungsgeschwindigkeit und d_p den Partikeldurchmesser. Zur Ausweitung dieses Gesetzes auf Partikel bis 1 nm Durchmesser wird der von Cunningham 1910 eingeführte gleichnamige Korrekturfaktor C_C verwendet. Somit folgt für die stokessche Kraft: (12)

$$F_{stokes} = \frac{3\pi\mu_{Wall}v_{WallFE}d_p}{C_C}$$ (Gl. 2.9)

Bei sehr kleinen Partikeln ist die relative Beweglichkeit des Gases an deren sphärischer Oberfläche nicht mehr vernachlässigbar. Zur korrekten Beschreibung dieses Phänomens wird der Cunningham-Faktor eingeführt. Auf Partikel, deren Größe in einer Größenordnung mit der mittleren freien Weglänge des sie umgebenden Fluides sind, wirken Diffusionskräfte. Ursprung für dieses Verhalten ist die Brownsche Molekularbewegung. Den Kernparameter dieses Verhaltens stellt die wie folgt definierte Knudsen-Zahl dar: (12)

$$Kn_{Wall} = \frac{2\lambda_{Wall}}{d_P}$$ (Gl 2.10)

Sie setzt die mittlere freie Weglänge der umgebenden Gasmoleküle ins Verhältnis zum Partikeldurchmesser. Für den Cunningham-Faktor folgt gilt nach Wang/Schild: (12)

$$C_C = 1 + \frac{\lambda_{Wall}}{d_P}\left(2{,}514 + 0{,}8e^{-0{,}55\frac{d_p}{\lambda_{Wall}}}\right)$$ (Gl. 2.11)

Umso größer der Cunningham-Faktor wird, desto stärker weichen die Partikel von ihrer Partikelbahn ab und kommen noch im Eintrittskanal, spätestens aber im Porengefüge der Substratwand mit dieser in Kontakt und bleiben an der Wand haften, was anhand von Abb. 2.3 schematisch dargestellt ist.

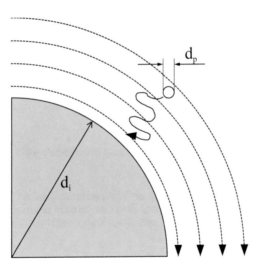

Abb. 2.3:   Diffusives Abscheideschema, angepasst (11)

Für kleine, gegen Null gehende Reynoldszahlen folgt die Filtrationseffizienz infolge Diffusion (siehe Partikelbewegung in Abb. 2.3) an einer einzelnen Faser zu: (11)

$$\eta_{FED} = 8Pe^{-\frac{2}{3}}, mit\ Pe = \frac{v_{WallFE}d_i}{D_{Wall}}, mit\ D_{Wall} = C_C\frac{k_BT_{gas}}{3\pi\eta_{Wall}d_P}$$ (Gl. 2.12)

Die Peclet Zahl Pe beschreibt das Verhältnis von advektivem zu diffusivem Stofftransport (13). Sie nimmt maßgeblich Einfluss auf die Abscheideeffizienz infolge Diffusion. Die Peclet-Zahl definiert sich durch die aktuelle Strömungsgeschwindigkeit v_{WallFE}, den Faserdurchmesser d_i, an dem diffusiv abgeschieden wird, und dem Diffusionskoeffizienten D_{Wall}. In den Diffusionskoeffizienten fließen die Boltzmann-Konstante k_B, die Gastemperatur T_{gas}, die dynamische Gasviskosität n_{Wall} und der Partikeldurchmesser d_P ein.

Bei Betrachtung des Verhaltens gemäß Gl. 2.12 wird direkt folgendes Verhalten deutlich:

- Bei Abnahme des Partikeldurchmessers steigt die Knudsenzahl, wodurch sich der Cunningham-Faktor vergrößert und der Diffusionskoeffizient erhöht. Die Zunahme des Diffusionskoeffizienten zieht eine Abnahme der Peclet-Zahl nach sich, was die diffusive Abscheidewahrscheinlichkeit erhöht.

- Bei Steigerung der Strömungsgeschwindigkeit erhöht sich die Peclet-Zahl und die diffusive Abscheidewahrscheinlichkeit sinkt.

- Eine Verkleinerung des an der Abscheidung beteiligten Faserdurchmessers steigert die Filtrationseffizienz durch Verringerung der Peclet-Zahl.

Der diffusive Abscheidemechanismus ist unabhängig von der Dichte der Partikel. Ausschlaggebend für ein diffusives Verhalten sind die Partikelgröße, die Gastemperatur, die Strömungsgeschwindigkeit, die mittlere freie Weglänge des umgebenden Gases und die Fasergröße. Bis zu einem Partikeldurchmesser von 100 nm weist die Diffusion nennenswerte Abscheideraten auf.

Interzeption

Die Interzeption ist ein mechanischer Abscheidemechanismus, welcher auf der dynamischen Trägheit der Partikel basiert. Beträgt der Abstand des Mittelpunkts eines Partikels zu einer Faser weniger als der Radius des Partikels selbst, so wird das Partikel abgeschieden. Als Kernparameter dieses Abscheidemechanismus sind schnelle Richtungsänderungen der Strömung im Porengefüge selbst oder bei Eintritt in selbiges zu nennen, denen das Partikel nicht folgen kann. Es verlässt aufgrund seiner Größe, Masse und resultierender Trägheit seine Flugbahn, prallt auf eine Faser und wird abgeschieden. Folgende Gleichung beschreibt den Abscheidemechanismus der Interzeption an einer einzelnen Faser bei geringen Strömungsgeschwindigkeiten mit Reynoldszahlen gegen Null: (11) (14)

$$\eta_{FER} = 16R^2, mit\ R = \frac{d_P}{d_i}$$ (Gl. 2.13)

Auffällig ist, dass der Abscheidemechanismus der Interzeption keine Abhängigkeit von der Strömungsgeschwindigkeit oder anderen Fluidparametern aufweist sondern nur auf der Fasergröße (d_i) und der Partikelgröße (d_P) basiert. Ab einer Partikelgröße von ca. 100 nm liefert die Interzeption einen signifikanten Anteil am gesamten Abscheidegrad. Die Interzeption weist keine Abhängigkeit von der Partikeldichte auf und beschreibt eine stochastische Abscheidung.

Impaktion

Der Abscheidemechanismus der Impaktion liefert erst bei sehr großen Partikeln, welche kaum im Abgas moderner Otto- und Dieselmotoren zu finden sind, einen signifikanten Beitrag zum Filtrationsverhalten. Kern dieses Verhaltens ist, wie auch bei der Interzeption, die mit zunehmender Partikelgröße und -masse zunehmende Trägheit der Partikel. Dabei verlässt das Partikel, aufgrund schneller Strömungsumlenkungen, seine Flugbahn, prallt direkt auf eine Faser und wird abgeschieden. Die folgenden Gleichungen beschreiben das Abscheideverhalten infolge der Impaktion: (14) (11)

$$\eta_{FEI} = \frac{Stk_{eff}^3}{0{,}014 + Stk_{eff}^3}, mit\ Stk_{eff} = Stk\left(1 + \frac{1{,}75\varepsilon Re_{Wall}}{150(1-\varepsilon)}\right),$$

$$mit\ Stk = C_C \frac{\rho_P}{9\rho_{Wall}} Re_{Wall}\left(\frac{d_P}{d_i}\right)^2 \tag{Gl. 2.14}$$

In Gl. 2.14 bezeichnet Stk_{eff} die effektive Stokes-Zahl. Stk beschreibt die Stokes-Zahl. Sie bildet das Verhältnis der Abbremslänge zur charakteristischen Ausdehnung eines Hindernisses und beschreibt die Massenträgheit eines Teilchens. ε bezeichnet die Porosität der Filterwand. Die Partikel- bzw. die Fluiddichte ist mit ρ_P bzw. ρ_{Wall} bezeichnet. Bei diesem Verhalten kommt auch die Partikeldichte zum Tragen. Das bedeutet, je größer die Partikeldichte ist, desto größer ist die Stokes-Zahl und desto wahrscheinlicher wird eine Abscheidung. Weiterhin steigt die Abscheidewahrscheinlichkeit mit steigender Strömungsgeschwindigkeit. (15)

Totale Filtrationseffizienz

Nach Erläuterung der verschiedenen Mechanismen der Filtration soll kurz auf die Filtrationseffizienz der gesamten Filterwand anhand von Abb. 2.4 eingegangen werden.

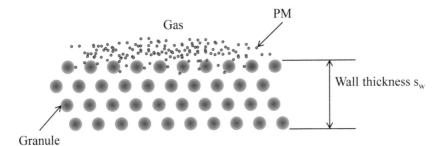

Abb. 2.4:   Porengefüge mit Partikeldeposition, angepasst (11)

Die Zusammenhänge, gemäß Gl. 2.12 bis 2.14, zum Filtrationsverhalten beschränken sich nur auf die Abscheidewahrscheinlichkeit an einer einzelnen Faser. In einer Filterwand mit vorgegebener Dicke finden sich eine Vielzahl an Fasern und Poren wieder (siehe Abb. 2.4), wodurch die Filtrationseffizienz ggü. der Filtrationseffizienz an einer einzelnen Faser gesteigert wird. Um die Filtrationseffizienz über die gesamte Wandstärke zu erhalten muss jede Filtrationseffizienz über die gesamte Wandstärke betrachtet werden, wodurch gilt (11):

$$\eta_{tot} = 1 - e^{-\frac{3}{2}(\eta_{FED}+\eta_{FER}+\eta_{FEI})s_w\frac{1-\varepsilon}{d_i}} \tag{Gl. 2.15}$$

In der obigen Gleichung bezeichnet s_w die Wandstärke der Filterwand. Es wird deutlich, dass mit sinkendem Exponenten die gesamte Filtrationseffizienz steigt. Bei Anstieg einer der drei Filtrationseffizienzanteile steigt auch die totale Filtrationseffizienz. Bei Abnahme der Porosität sowie des Faser- oder Porendurchmessers der Substratwand nimmt sie ebenfalls zu. (11)

2.4 Ursprung ottomotorischer Asche

Asche ist definiert als der nicht brennbare Rückstand einer oxidierten Partikelprobe im Partikelfilter mit diesel- oder ottomotorischer Anwendung, welcher in fester Form im Partikelfilter verbleibt und den Differenzdruck sowie die katalytische Aktivität des Bauteils negativ beeinflusst. Die Filtrationseffizienz hingegen wird durch Einlagerung von Asche in der Regel gesteigert. Aus dieser Definition lässt sich ableiten, welchen Ursprung dieselmotorische Asche haben kann: (16)

- Additivierung des Motoröls
- Motorverschleiß
- Korrosion des Motors und der abgasführenden Bauteile
- Spuren metallischer Elemente im Kraftstoff
- Additive im Kraftstoff zur Unterstützung der DPF-Regeneration

Im dieselmotorischen Bereich wurde nachgewiesen, dass der größte Anteil an eingelagerter Asche aus dem Motoröl und dessen Verbrennung entsteht. Die anderen vier Aschequellen sind ebenfalls an der Aschebildung beteiligt, welche sich aufgrund geringer Konzentrationen nur schwer nachweisen lassen. (16)

Alle Aschequellen lassen sich, bis auf die Kraftstoffadditive zur DPF-Regeneration, direkt auf den Ottomotor übertragen. Hieraus lässt sich ableiten, dass für den Ursprung ottomotorischer Asche der Motorölverbrauch und die chemische Komposition des Motoröls verantwortlich sind. Der Aschegehalt des Motoröls, als auch der Ölverbrauch des Motors sind von besonderem Interesse. Weiterhin ist es von Bedeutung, welchen Ölverbrauchsweg das Motoröl durchlaufen hat, um zu einer repräsentativen Aschedeposition zu führen. Aus diesem Grund soll im Folgenden auf die Ölverbrauchswege im Verbrennungsmotor eingegangen werden. Die in der Literatur bekannten Ölverbrauchsquellen sind folgende (17):

- Tribologiesystem Kolben-Zylinder
- Kurbelgehäuseentlüftung
- Ventilschaft/ Ventilschaftführung/ Ventilschaftdichtung
- Abgasturbolader

Tribologiesystem Kolben-Zylinder

Zur Gewährleistung einer ausreichenden Schmierung und Gasdichtigkeit zwischen dem Brennraum und dem Kurbelgehäuse ist ein Ölmassenstrom notwendig, welcher die Schmierung des ersten Kompressionsringes sicherstellt. Ein Teil dieses Ölmassenstroms wird durch die Kolbenbewegung induziert. (17)

Die durch die resultierende Kolbenkraft herbeigeführte Kippbewegung des Kolbens führt im oberen Totpunkt dazu, dass die Kolbenunterkante die Zylinderwand zuerst berührt. Die mittels der Gaskraft der Verbrennung einsetzende Anlage der Kolbenoberseite an die Zylinderwand kann für eine Förderung des im Spalt befindlichen Motoröls in Richtung des Brennraums sorgen. (18)

Eine weitere Ölverbrauchsquelle im System Zylinder-Kolben ist das sogenannte „Reverse-Blow-By". Zum Ende des Expansionshubes und zu Beginn der Saugphase erfährt das zwischen den Kolbenringen, sowie zwischen Kolbenhemd und Zylinderwand befindliche Motoröl eine Beschleunigung in Richtung Zylinderkopf. Durch Wechsel der Kolbenringanlagefläche im oberen Totpunkt von der unteren zur oberen Nutflanke kann das Motoröl in den Brennraum gelangen. (17)

Kurbelgehäuseentlüftung

Die Abdichtung des Brennraums zum Kurbelgehäuse mittels Kolbenringen ist nicht vollständig und es gelangt bei jeder Verbrennung eine gewisse Menge an Gas, das sogenannte „Blow-By-Gas", in das Kurbelgehäuse. Der im Kurbelgehäuse steigende Druck macht eine Entlüftung unverzichtbar. Diese ist überwiegend als Kopf-Entlüftung ausgeführt. Um den Austritt von Schadstoffen und Ölnebel zu vermeiden, ist die Kurbelgehäuseentlüftung mit der Frischluftansaugstrecke des Motors verbunden. (17)

In bestimmten Betriebspunkten kann Ölnebel oder vereinzelte größere Öltropfen in die Entlüftungskanäle gelangen und mit in die Frischluftansaugstrecke des Motors gerissen werden und über die Einlassventile in den Brennraum gefördert werden, wohingegen der restliche Ölnebel kondensiert und in das Kurbelgehäuse abfließt. (19)

Ventilschaft/ Ventilschaftführung/ Ventilschaftdichtung

Infolge hoher zyklischer Druckschwankungen können die mit Motoröl geschmierten Ventilschaftführungen einen Ölverbrauch generieren. Dies gilt sowohl für die Führung des Ein- als auch für die des Auslassventils. Im Schubbetrieb von Ottomotoren herrscht im Ansaugkanal ein geringer statischer Druck. Infolge des Druckgefälles von Zylinderkopf zu Ansaugkanal kann eine geringe Ölmenge in den Brennraum entweichen. (20)

Darüber hinaus sorgt eine Kippbewegung des Ventils für ein Herausdrücken von Öl aus der Führung. Ein weiterer Ölverbrauch entsteht durch Schwerkraft. Dabei läuft das Öl durch seine eigene Schwerkraft aus der Ventilführung heraus. Die Ventilbewegungen induzieren eine Schleppströmung im Öl woraufhin dieses aus der Führung austreten kann. (20)

Die seit langer Zeit eingesetzten Ventilschaftdichtungen verringern die oben erwähnten Effekte enorm, jedoch nicht vollständig. (17)

Abgasturbolader

Der Abgasturbolader ist ölgeschmiert. Die Turboladerwelle läuft überwiegend in einem Gleitlager. Aufgrund der Druckunterschiede von der Turbinen- zur Verdichterseite kann Öl in den Verdichter sowie die Ansaugstrecke entweichen und der Verbrennung zugeführt werden. Auch eine Undichtigkeit auf der Turbinenseite ist möglich. Hierbei treten Öltropfen aus der turbinenseitigen Lagerseite aus und gelangen in den Abgasstrang. (17)

Gewichtung der unterschiedlichen Ölverbrauchspfade

Die zur Gewichtung der unterschiedlichen Ölverbrauchsanteile sehr aufwendigen Messmethoden lassen in den meisten Fällen nur eine Schätzung zu. Untersuchungen haben gezeigt, dass ca. 95 % des Ölverbrauchs dem Tribologiesystem Kolben-Zylinder zuzuschreiben ist (21). Auf die Kurbelgehäuseentlüftung entfallen ca. 2 % und auf die Ventilschäfte nach Schätzungen 1,5 % bis 30 % des gesamten Ölverbrauchs (22). Hier ist die Auslegung der Ventilschaftdichtung entscheidend.

Der Ölverbrauchsanteil, welcher den Abgasturbolader als Quelle aufweist ist verschwindend gering und kann vernachlässigt werden. Dies ist jedoch von der Konstruktion des Abgasturboladers abhängig. (22) (17)

Die angegebenen Werte gelten für ein intaktes Aggregat, sind darüber hinaus von der Systemauslegung abhängig und dürfen nicht als Fixwerte verstanden werden. Dem Tribologiesystem Kolben-Zylinder wird der höchste Ölverbrauchsanteil zugeschrieben, weshalb eine Beschleunigung dieses Ölverbrauchspfades für ein Schnellveraschungsverfahren sehr interessant ist.

2.5 Aschedeposition – Stand der Technik

Bei Verbau eines Partikelfilters ist es sehr wahrscheinlich, dass dieser über die gesamte Fahrzeuglebensdauer mit Asche beladen wird. Die Ascheablagerungsform hat einen ganz entscheidenden Einfluss auf das Verhalten des Partikelfilters. Somit soll an dieser Stelle auf die Ascheablagerungsmuster und deren beeinflussende Faktoren eingegangen werden. Der aktuelle Kenntnisstand zu diesem Thema beruht zum größten Teil auf Untersuchungen am Dieselpartikelfilter. Es existieren jedoch auch Untersuchungen am Ottopartikelfilter.

Als grundsätzliche Abhängigkeit des Ascheablagerungsmusters in Partikelfiltern lässt sich das verwendete Regenerationsverfahren anführen. Die aktive Regeneration entspricht dem niedriglastigen Fahrprofil bei geringen Abgasmassenströmen und geringer Temperatur. Der Regenerationsvorgang wird über eine Temperaturerhöhung mittels Nacheinspritzung eingeleitet und kann durch im Kraftstoff enthaltene Additive unterstützt werden. Diese Additive senken die Rußzündtemperatur und führen zu einer effizienteren Rußoxidation. Der Vorgang der Rußregeneration ist durch ein stark exothermes Reaktionsverhalten geprägt. Der Ruß lagert sich zusammen mit der emittierten Asche auf der Filterwand ab. Wird nun der Ruß oxidiert, so kann sich die Asche von der Filterwand lösen und mit der Abgasströmung zum Ende des Einlasskanals transportiert werden. Diese Regenerationsart führt zu einer Ascheablagerungsform, die sich durch Aschestopfen am Ende des Einlasskanals auszeichnet. (23) (24)

Im Gegensatz dazu steht die kontinuierliche Regeneration des Partikelfilters. Zu diesen Verfahren zählt z.B. das CRT-Regenerationsverfahren. Bei der CRT-Methode (Continiously Regenerating Trap) wird vom Motor emittiertes Stickstoffoxid in einem Oxidationskatalysator zu thermisch instabilem Stickstoffdioxid oxidiert. Dieses NO_2 gelangt in den Partikelfilter und ermöglicht durch seinen Zerfall zu Stickstoffoxid und Sauerstoff die Regeneration des im Partikelfilter eingelagerten Rußes. Der Ruß wird nur kurzzeitig eingelagert und sofort oxidiert. Ein weiteres Verfahren der kontinuierlichen Regeneration stellt die selbstständige Regeneration durch hochlastigen Fahrbetrieb mit hoher Abgastemperatur dar. Durch hohe Temperaturen und Dieselrohabgas mit hoher Sauerstoffkonzentration kann der Partikelfilter auf natürliche Weise regeneriert werden. Kennzeichnend für diese Regenerationsverfahren ist eine Ascheablagerung auf der Filterwand in Form eines Wandfilms. (23)

Im rußfreien Zustand führt eine Ascheablagerung in Form von Stopfen am Ende des Eintrittskanals zu einer deutlich geringeren Differenzdrucksteigerung als eine Ablagerung der Asche als Wandfilm. Ein erzeugter Aschestopfen sorgt für eine Verkürzung der effektiven Filterlänge des Kanals und die Wanddurchströmungsgeschwindigkeit wird erhöht. Der induzierte Differenzdruckanstieg ist gering, da sich auf der verbleibenden Filterwand keine Ablagerungen bilden. (25)

Die Ablagerungsart in Form eines Wandfilms führt bei einem Partikelfilter zu höheren Differenzdruckanstiegen. Aufgrund der geringen Größe und Permeabilität der Aschepartikel steigt der Druckverlust bei der Durchströmung stärker an. (25)

Die homogene Ablagerungsform erstreckt sich über die gesamte Länge der Filterwand. Die Permeabilität des Systems bestehend aus der Filterwand und der Ascheschicht wird dann primär von der Permeabilität der Ascheschicht bestimmt. (25)

Durch Rußbeladung von Wandabschnitten, welche nicht durch einen ausgebildeten Aschestopfen blockiert sind, wird ein Tiefenfiltrationseffekt erzeugt. Dabei steigt der Differenzdruck bereits mit geringen Rußbeladungen stark an. Nach Ende der Tiefenfiltrationsphase wird weiterhin der aschefreie Wandbereich durchströmt und weiterer Ruß lagert sich ab. Die reduzierte Filtrationsoberfläche zieht dicke Rußablagerungsschichten mit sich. Dies beeinflusst die Permeabilität des Systems aus Wand und Ablagerung negativ. (24)

Im Gegensatz dazu findet bei der Ascheablagerungsart in Form eines Wandfilms nahezu kein Tiefenfiltrationseffekt statt, da der Ruß aufgrund der Ascheschicht nicht in die Wand eintreten kann und sich in Form eines Wandfilms auf dieser ablagert. Die größere Filtrationsoberfläche sorgt für dünnere Rußschichten und der Differenzdruckanstieg über der Rußbeladung wird reduziert. Unter realistischen Fahrbedingungen wird sich im Partikelfilter aufgrund der unterschiedlichen Regenerationsmechanismen und auch Fahrprofile, ein gemischtes Depositionsmuster zeigen. Dabei wird ein Teil der Asche als Stopfen und die restliche Aschemenge in Form eines Wandfilms abgelagert. Gaiser et al. konnten dieses Verhalten bestätigen. (24)

Givens et al. kam zu dem Schluss, dass sich die abgelagerte Aschemenge im Partikelfilter direkt proportional zum Aschegehalt des verwendeten Motoröls verhält und sich 60 % - 70 % der theoretisch zu erwartenden Aschemasse wiederfinden lassen (26).

Gärtner und Dittler berichten bei ihren Untersuchungen von den zwei unterschiedlichen Ablagerungsmustern, die ganz wesentlich vom verwendeten Regenerationsverfahren abhängig sind. Auch hier wird die Stopfen- und Wandfilmbildung beider Regenerationsverfahren beobachtet. (23)

Der Einfluss von Ascheablagerungen auf Ottopartikelfilter kann durch eine Schnellveraschung zügig untersucht werden. Custer et al. nutzen ein Schnellveraschungsverfahren mittels Brenner für Ottokraftstoff und einer Hochdruckeinspritzung von Motoröl in die Verbrennungskammer. Das Verfahren sowie dessen Aufbau wird in Kapitel 5.1 näher thematisiert. Alle untersuchten Filter weisen bis ca. 4 g/l Aschebeladung einen hohen Differenzdruckanstieg von 0,3 kPa/(g/l) auf. Bei höheren Aschebeladungen verläuft dieser Anstieg mit 0,025 kPa/(g/l) bis 0,032 kPa/(g/l) flacher. (27)

Bis zu einer spezifischen Aschebeladung von etwa 5 g/l ist ein Tiefenfiltrationseffekt für Rußpartikel erkennbar. Bei höheren Aschebeladungen steigt der Differenzdruck linear mit der eingelagerten Rußmasse an. Die Tiefenfiltrationsphase für Ruß ist durch einen raschen Differenzdruckanstieg mit 0,7 kPa/g/l gekennzeichnet, wobei die Oberflächenfiltrationsphase mit einem Differenzdruckanstieg von 0,34 kPa/g/l bis 0,37 kPa/g/l nur die Hälfte davon ausmacht. Optische Untersuchungen mittels Computertomographie zeigen eine Ascheverteilung in Form von Stopfen und Wandfilm. (27)

Dabei nehmen die Aschestopfenlänge, sowie die Dicke der Ascheschicht auf der Wand linear mit der gesamten Aschebeladung zu. Post Mortem Untersuchungen offenbaren eine Wandfilmbildung in Form von Ascheinseln, welche vermehrt in der Nähe von Oberflächenporen auftreten. Während der Tiefenfiltrationsphase tritt die Asche mit einer Tiefe von 50 µm in die Substratwand ein und beginnt nach der Bildung von Ascheinseln auf der Oberfläche der Wand diese miteinander zu verbinden. Daraus bildet sich ab ca. 20 g/l Aschebeladung ein homogener geschlossener Aschewandfilm auf der Substratwand aus. (27)

Der Differenzdruckverlauf lässt dieses Verhalten bereits ab einer Beladung von 8 g/l erahnen, welches jedoch nicht bestätigt werden kann. Ab einer Beladung von 12 g/l beginnt ein Wachstum der Ascheinseln und deren Agglomeration zu einem Wandfilm. (27)

Untersuchungen bezüglich des Einflusses verschiedener Ölformulierungen zur Aschebeladung wurden von Shao et al. durchgeführt. Hierbei werden unterschiedliche Ottopartikelfilterkerne mit 2 Zoll Durchmesser und 6 Zoll Länge an einem Ottomotor mit Asche beladen. Dem Ottokraftstoff wird Motoröl beigemischt. Die Konzentration beträgt 2 gew.-%. Es werden acht verschiedene Motoröle hinsichtlich ihrer Veraschungsneigung und Wechselwirkung mit dem OPF untersucht. Darüber hinaus werden die Motorölparameter Aschegehalt, ZDDP-Gehalt sowie der Erdalkalimetalltyp, auf dem die Öldetergentien basieren, variiert. Die verschiedenen Ascheablagerungen werden in einer Post Mortem Analyse mittels Thermogravimetrie und Transmissionselektronenmikroskopie analysiert. Eine hohe Konzentration von Calcium oder Magnesium als Detergentien bei gleichzeitig geringem ZDDP-Gehalt im Öl vergrößert den flüchtigen Anteil der Ablagerungen. Motoröle, deren Additive auf Calcium basieren, weisen eine deutlich höhere Rußoxidationsrate auf als jene, deren Additive auf Magnesium basieren. Hohe Konzentrationen von ZDDP im Motoröl hingegen hemmen die Rußoxidation unabhängig des Additivierungselements, wodurch die Ascheablagerungen dieses Motoröls einen höheren Anteil an Ruß aufweisen. Bezüglich des Differenzdruckverhaltens weisen Motoröle mit hohem Aschegehalt neben deren höherer Aschewiederfindungsrate einen deutlich größeren Differenzdruckanstieg auf als solche mit geringem Aschegehalt. (28)

Es wird beobachtet, dass die Ablagerungen von Motorölen, welche Calcium-Detergentien beinhalten einen früheren Übergang von der Tiefen- zur Oberflächenfiltrationsphase von Ruß aufweisen. Als Grund wird angeführt, dass die Partikel von Calcium-haltigem Motoröl sehr klein sind. (28)

Untersuchungen bezüglich des Ascheeinlagerungsverhaltens im Fahrzeug während eines Dauerlaufzyklus wurden von Lambert et al. durchgeführt. Dazu wird ein Ford Taurus (Fzg. 1), sowie ein Ford Flex (Fzg. 2) identischen Modelljahres mit 3,5 l direkteinspritzendem Ottomotor mit Abgasturboaufladung verwendet. (29)

Als Zyklus wird der Standard Road Cycle (SRC) der Environmental Protection Agency (EPA) verwendet. Fahrzeug 1 durchläuft eine Dauerlaufdistanz von 130000 Meilen wohingegen Fahrzeug 2 eine Dauerlaufdistanz von 150000 Meilen absolviert. An beiden Fahrzeugen wird der Ottopartikelfilter an Stelle des zweiten Drei-Wege-Katalysators verbaut. Das Bauteil besitzt einen Durchmesser von 5,66 Zoll bei einer Länge von 6 Zoll, einer Zelligkeit von 300 CPSI und einer Wandstärke von 12 mil. Es weist eine Porosität von 65 % bei einem mittleren Porendurchmesser von 22 µm auf. Der Ottopartikelfilter ist mit einer Edelmetallbeschichtung mit 1,0 g/in³ beschichtet. Der Ölverbrauch beträgt bei Fahrzeug 1 23000 miles per quart, bei Fahrzeug 2 30000 miles per quart. (29)

Dies entspricht bei Fahrzeug 1 39113 km/l und bei Fahrzeug 2 51017 km/l. Nach Beendigung des Dauerlaufs werden aus jedem OPF 5 Bohrkerne mit 1 Zoll Durchmesser entnommen. Der Dauerlauf führt zu einer Akkumulation von 61 g Asche bei Fahrzeug 1 und 58 g bei Fahrzeug 2. Der Differenzdruck steigt von anfänglich 3 kPa auf 7 kPa linear an. In der homogen verteilten Stopfenasche finden sich große Partikel wieder. Diese Partikel bestehen aus Washcoatbestandteilen des stromaufwärts befindlichen Drei-Wege-Katalysators. Die Aschekonzentration nimmt in beiden Ottopartikelfiltern vom Eintritt zum Austritt zu. In Fahrzeug 1 sind 60 % der Asche auf der Substratwand abgelagert und 40 % in Form von Stopfenasche vorhanden. Der Anteil an Stopfenasche bei Fahrzeug 2 liegt bei 33 % und der Anteil an Wandfilmasche bei 67 %. (29)

Die chemische Aschezusammensetzung ist in beiden Fahrzeugen identisch. Die Aschedichte im Aschestopfen wird zu 0,7 g/cm³ bestimmt wohingegen die Aschedichte der wandverteilten Asche zu 1,6 g/cm³ bestimmt wird. Dieser enorme Dichteunterschied von mehr als Faktor zwei wird bei Dieselpartikelfiltern nicht berichtet. Verantwortlich für diese Unterschiede sind laut Lambert et al. die hohen Abgastemperaturen am Ottomotor. Die Dicke der Ascheschicht wird mittels optischer Verfahren zu einer mittleren Dicke von 12,4 μm bestimmt. Infolge des Differenzdruckanstiegs wird die Aschepermeabilität zu $2,5 \cdot 10^{-14}$ m² bestimmt. (29)

Fazit

Die in diesem Kapitel beschriebenen Untersuchungen beschränken sich fast ausschließlich auf eine morphologische Analyse der abgelagerten Asche sowie deren Depositionsmuster. Die Filtrationseffizienz der Bauteile wird nicht thematisiert. Darüber hinaus werden unterschiedliche Aschedepositionen an identischen Bauteilen verglichen. Zum weiteren Erkenntnisgewinn soll in dieser Arbeit der Einfluss von Ascheablagerungen im Hinblick auf die Parameter Differenzdruck und Filtrationseffizienz auf unterschiedliche Ottopartikelfilter untersucht werden. Auf eine morphologische Analyse der Ascheablagerungen wird verzichtet. Außerdem wird untersucht, wie sich eine Rußbeladung von OPF's mit unterschiedlicher Geometrie und Beschichtung mit zunehmender Aschebeladung hinsichtlich der genannten Parameter verhält.

3 Prüfstand und Messsysteme

In diesem Kapitel wird auf den Versuchsaufbau, die verwendeten Messgeräte sowie auf die Versuchsmethodik eingegangen. Als Basis aller Versuche mit Ausnahme des in Kapitel 3.6 erläuterten Kaltgasprüfstands dient ein zur Verfügung stehender hochdynamischer Motorprüfstand

3.1 Prüfstand und Messsysteme

Dieses Kapitel beschreibt den hochdynamischen Motorprüfstand, die Messsysteme und das Triebwerk.

Leistungsbremse/ Peripherie und Prüfstandssteuerung „VENUS"

Zum Betrieb der Verbrennungskraftmaschine wird eine Leistungsbremse der Firma Siemens verwendet. Ihre Nennleistung beträgt 210 kW bei einer Drehzahl von 5500 1/min. Die maximale Drehzahl beträgt 8000 1/min und das maximale Bremsmoment beträgt 380 Nm. Aufgrund der flexiblen Prüfstandssteuerung lassen sich stationäre und dynamische Messungen realisieren sowie zusätzliche Messgeräte einbinden und mit der Prüfstandssteuerung koppeln. (30)

Zur Bestimmung des aktuellen Kraftstoffverbrauchs und zur Errechnung weiterer Parameter wie z.b. dem Abgasmassenstrom wird eine gravimetrische Kraftstoffverbrauchsmesseinrichtung verwendet. Die Kraftstoffwaage AVL 753 S der Firma AVL bestimmt den Kraftstoffverbrauch durch eine gravimetrische Messung der Gewichtsabnahme von Kraftstoff in einem Behälter. (31)

Triebwerk

Für die in dieser Arbeit durchgeführten Untersuchungen dient ein Ottomotor mit Abgasturboaufladung und Direkteinspritzung, welcher anhand von Abb. 3.1 dargestellt ist, der Volkswagen AG als Versuchsträger. Der Verbrennungsmotor ist Bestandteil der Motorenfamilie EA 211.

Abb. 3.1:   Aggregat, EA 211 1,4 l TSI 90 kW (32)

© Springer Fachmedien Wiesbaden GmbH, ein Teil von Springer Nature 2018
D. Nowak, *Ruß- und Aschedeposition in Ottopartikelfiltern*,
AutoUni – Schriftenreihe 115, https://doi.org/10.1007/978-3-658-21258-2_3

Das Aggregat liefert eine maximale Leistung von 90 kW bei 5000 1/min bis 6000 1/min. Das maximale Drehmoment bei einer Drehzahl von 1400 1/min bis 4000 1/min beträgt 200 Nm. Tabelle 3.1 gibt einen Überblick über die technischen Daten des Aggregats. (32)

Tabelle 3.1: Technische Daten EA 211 1,4 1 TSI 90 kW (32)

Motorkennbuchstabe	CMB
Bauart	4-Zylinder-Reihenmotor
Hubraum	1395 cm³
Bohrung	74,5 mm
Hub	80 mm
Ventile pro Zylinder	4
Verdichtungsverhältnis	10,5
max. Leistung	90 kW bei 5000-6000 1/min
max. Drehmoment	200 Nm bei 1400-4000 1/min
Motormanagement	Bosch Motronic MED 17.5.21
Kraftstoff	Super Bleifrei mit ROZ 95
Abgasnachbehandlung	Drei-Wege-Katalysator
Abgasnorm	EU5

Der im Serienzustand verbaute Drei-Wege-Katalysator wird entfernt und gegen eine Versuchs-abgasanlage getauscht. Diese besitzt, zur besseren Unterbringung der Messstellen und Erhö-hung der Messgenauigkeit, nur geradlinige Abgasrohre. Sämtliche Messstellen in der Abgas-strecke des Aggregats werden prüfstandsfest verbaut. Dies hat zum einen den Vorteil, dass der Ottopartikelfilter nicht durch die Messstellen beeinflusst wird und zum anderen, dass sich sämt-liche Messstellen immer an derselben Position befinden. Der Messstellenaufbau der unter-schiedlichen Tests wird in Kapitel 3.5 beschrieben.

Sensyflow – Luftmassenmessung

Der hier verwendete thermische Luftmassenmesser ist vom Typ Sensyflow FMT700-P der Firma ABB. Das Messprinzip bildet die durchflussabhängige Wärmeabgabe eines beheizten Körpers an ein Fluid und die Messung der benötigten Heizleistung zur Einstellung einer defi-nierten Temperaturdifferenz zweier Messwiderstände. Die Wärmeabgabe hängt von der Anzahl der wärmeaufnehmenden Teilchen ab, wodurch direkt der Massenstrom ermittelt werden kann. (33)

INCA – Messung/ Verstellung Steuergeräteparameter

Um einen Eingriff in das Steuergerät des Aggregats zu ermöglichen wird die Software INCA Version 7 der Firma ETAS verwendet. Die Mess-, Applikations- und Diagnosesoftware erlaubt das parallele Auslesen und Anpassen von Messdaten und Labels aus dem Steuergerät. Der Einsatz an unterschiedlichen Steuergerät-Schnittstellen wird durch Umsetzung des ASAM-MCD-Standards ermöglicht. Mittels LAN-Verbindung kann der Rechner der Software direkt mit dem Hauptrechner der Prüfstandssteuerung verbunden werden. Dies ermöglicht das automatisierte Steuern, Auslesen und Verändern von Motorsteuergerätparametern. (34)

AVL AMA I 60 – Abgasanalyse

Zur Messung der Abgasemissionen, sowie zur Bestimmung des Verdünnungsfaktors des Ejektorverdünners, wird eine AMA I 60 Abgasanalyse der Firma AVL verwendet. Sämtliche Entnahmeleitungen, welche von der Abgasanlage zur Abgasanalyse führen sind auf 150 °C beheizt, um Kondensation von im Abgas enthaltenem Wasser zu vermeiden. Das der Abgasanalyse vorgeschaltete 9-Wege-Ventil ermöglicht die zeitlich versetzte Messung der Abgasemissionen an neun unterschiedlichen Positionen.

Die AVL AMA I 60 Abgasanalyse ermöglicht die Messung der THC-, CH_4-, NO-, NO_x-, CO-, CO_2- sowie der O_2-Konzentration im Abgas. Die Messung der THC- und CH_4- Konzentration erfolgt mit Hilfe eines Flammenionisationsdetektors. Die NO- und NO_x-Konzentration werden nach dem Prinzip der Chemilumineszenz bestimmt. Ein Infrarotdetektor, basierend auf dem nichtdispersiven Infrarotmessverfahren (NDIR), ermöglicht die Messung der CO- und CO_2-Konzentration im Abgas. Die Messung der O_2-Konzentration erfolgt mit einem paramagnetischen Detektor. (35)

Temperaturmesstechnik

Zur Temperaturmessung von sämtlichen am Prüfstand verfügbaren Temperaturmessstellen werden K-Thermoelemente verwendet. Diese Thermoelemente sind bis zu einer Temperatur von 1300 °C einsetzbar und decken sämtliche am Motorprüfstand auftretenden Temperaturen ab. Bis auf wenige Ausnahmen werden sämtliche K-Thermoelemente mit einem Außendurchmesser von 1,5 mm verwendet. (36)

Für die hochbelasteten Temperaturmessstellen im Abgasstrang wie Temperatur vor Turbine, vor und nach OPF werden K-Thermoelemente mit 3 mm Drahtdurchmesser verwendet. Diese sind zur Steigerung der Betriebssicherheit des Aggregats widerstandsfähiger, jedoch auch weniger dynamisch was aufgrund der Messungen in thermischer Beharrung keinen Einfluss aufweist. (36)

3.2 Partikelmesstechnik

Zur Messung der Filtrationseffizienz eines Partikelfilters bedarf es des Einsatzes von Partikelanzahlmesstechnik. Um im Folgenden Messungen zu diesem Verhalten durchführen zu können, werden zwei Particle Counter Advanced APC 489 der Firma AVL verwendet. Der Aufbau beider Messgeräte erfolgt einerseits stromauf- und stromabwärts des Ottopartikelfilters.

Um auch die im Partikelfilter eingelagerte Rußmasse bestimmen zu können, wird ein Messgerät zur Rußmassenbestimmung im Motorabgas benötigt. Dazu wird der Micro-Soot-Sensor der Firma AVL verwendet.

Im Folgenden wird auf die Funktionsweise dieser beiden Messgeräte eingegangen.

Particle Counter Advanced – APC 489

Der AVL Particle Counter APC 489 besteht aus einer Einrichtung, um das Motorabgas für die Messung zu konditionieren, sowie einer weiteren Einrichtung zur Zählung der Partikel (siehe Abb. 3.2).

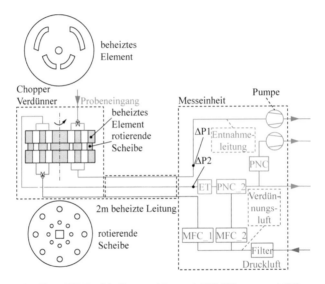

Abb. 3.2:   Probenfluss AVL Particle Counter Advanced APC 489, angepasst (37)

Das Abgas gelangt mittels einer Pumpe aus dem Abgasstrang über eine ca. 50 cm lange und auf 150 °C beheizte Entnahmeleitung direkt in den Probeneingang des Chopper-Verdünners. Dieser besteht aus einer Lochscheibe mit zwei Lochkreisen, welche einerseits mit Abgas (rot) und Verdünnungsluft (blau) durchströmt werden. Durch Anzahl und Volumen der Löcher, die Drehzahl der Lochscheibe, die Temperatur des Verdünners und der Probe sowie des Probendrucks kann die Verdünnung beeinflusst werden. Nominell kann das Abgas von 10:1 bis 300:1 oder von 250:1 bis 1000:1 verdünnt werden. Der Massendurchflussregler (MFC1) stellt eine konstante Verdünnungsluftrate (1 l/min) sicher. Über eine 2 m lange und auf 150 °C beheizte Leitung gelangt die Probe zur Evaporation Tube. (37)

Die Evaporation Tube ist, wie in Abb. 3.3 dargestellt, eine mittels elektrisch beheizten Keramikkörpern auf 350 °C beheizte Röhre. In ihr werden flüchtige Partikel verdampft, welche nicht zur Messung gelangen. Der angeschlossene Sekundärverdünner ist als perforierte Röhre ausgeführt. Der zweite Verdünnungsfaktor wird durch den Massenflussregler MFC2 ermittelt. Die Verdünnung erfolgt rasch und mit gereinigter Umgebungsluft, sodass die Temperatur des verdünnten Abgases 35 °C nicht übersteigt. Das vollständig verdünnte Abgas wird nun dem PNC (Particle Number Counter) zugeführt. Dieser soll bei 23 nm Partikelgröße eine Zähleffizienz von 50 % aufweisen. Der PNC ist anhand von Abb. 3.4 im Detail dargestellt. (37)

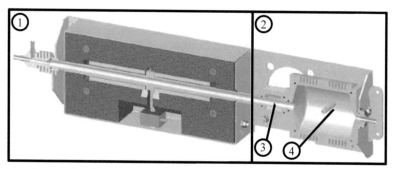

1. Evaporation Tube
2. Sekundärverdünner
3. Porous Tube Diluter
4. Stabilisierungskammer mit Abgasentnahme für PNC

Abb. 3.3: Evaporation Tube und Porous Tube Diluter, AVL Particle Counter Advanced APC 489, angepasst (37)

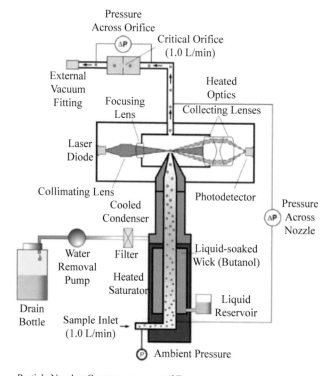

Abb. 3.4: Particle Number Counter, angepasst (37)

Das Aerosol der Probe verbindet sich, stromabwärts des Sample Inlet, im Heated Saturator dampfförmig mit dem Butanol im ausgelegten Filz. Die heterogene Kondensation (Kondensation an den Aerosolpartikeln), infolge Kühlung bis zur Übersättigung im Cooled Condenser führt zu einer Vergrößerung der Partikel. Anschließend treten die Partikel über eine Düse in die Zählvorrichtung ein. Die Laserdiode, dessen Laserstrahl auf den Punkt über der Düse fokussiert wird, detektiert die Partikel. Das am Partikel gestreute Laserlicht wird durch die Kollektorlinse eingefangen und auf den Photodetektor fokussiert, welcher die Partikel detektiert. Die Optik ist zur Vermeidung von Kondensation stärker beheizt als der Heated Saturator. Der Volumenstrom durch den PNC wird durch eine kritische Blende geregelt und anschließend in die Abgasentsorgung geleitet. (37)

AVL Micro Soot Sensor

Der AVL Micro Soot Sensor bietet die Möglichkeit, die Rußmassekonzentration in mg/m³ im Motorabgas bestimmen zu können. Das Gerät besteht zum einen aus der am Abgasstrang angebrachten Druck- und Temperaturreduziereinheit, der Dilution Control Unit sowie der Messzelle (Micro Soot Sensor) selbst. Die Messung beruht auf dem fotoakustischen Prinzip. Abb. 3.5 stellt den schematischen Geräteaufbau dar. (38)

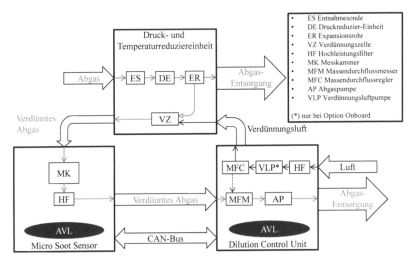

Abb. 3.5: Prinzipskizze Micro Soot Sensor, Dilution Control Unit, Druck- und Temperaturreduziereinheit, angepasst (38)

Das zur Verdünnungszelle angesaugte Abgas wird mittels Massendurchflussregler mit Verdünnungsdruckluft, welche durch einen Hochleistungsfilter gereinigt wird, verdünnt. Anschließend gelangt die Probe in die Messzelle. Die nur geringen Schwankungen unterliegende Verdünnungsrate wird anhand der Messwerte des Massendurchflussreglers und des thermischen Massendurchflussmessers gebildet. Im Anschluss daran wird die Abgasprobe in die Abgasentsorgung geleitet. (38)

Die Messzelle ist durch Abb. 3.6 dargestellt.

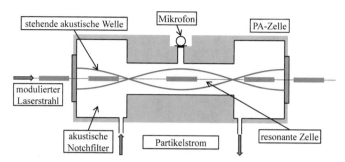

Abb. 3.6: Schema resonante Zelle, angepasst (38)

Die entstehenden Schallwellen, hervorgerufen durch zyklische Erwärmung und Abkühlung des Trägergases infolge Bestrahlung von stark absorbierenden („schwarzen") Rußpartikeln mit moduliertem Laserlicht, werden mit Mikrofonen detektiert. Aufgrund der Konstruktion als „offene-Pfeife"-Ausführung befindet sich das Druckmaximum in der Mitte der Messzelle. Hier werden die Mikrofone positioniert und die Intensität der Schallwellen gemessen und die Rußmassekonzentration bestimmt. (38)

Thermophoretische Partikelbewegungen infolge der fehlenden abrupten Verdünnung und folgenden stetigen Abkühlung der Probe im Entnahmeschlauch führen zu Partikelverlusten. Die Thermophorese beschreibt den Transportvorgang von Teilchen infolge eines Nettoimpulses zur kalten Seite hervorgerufen durch Temperaturgradienten. (38) (39)

Die Firma AVL hat hierzu Untersuchungen betrieben und gibt folgende thermophoretische Korrekturgleichung nach Kittelson (40) an: (38)

$$\frac{c_{Dilout}}{c_{Dilin}} = \left(\frac{T_{Dilout}}{T_{Dilin}}\right)^{0,38} \tag{Gl. 3.1}$$

Diese Gleichung wird in dieser Arbeit bei jeder Messung mit dem Micro Soot Sensor verwendet.

3.3 Sonderpartikelmesstechnik und Verdünnereinheit

Wie bereits in Kapitel 2.3 erwähnt hängt das Filtrationsverhalten eines Ottopartikelfilters von der Partikelgröße der zur filternden Partikel ab. Da im experimentellen Teil dieser Arbeit auf das Filtrationsverhalten unterschiedlicher Partikelgrößen eingegangen wird, ist ein Messgerät erforderlich, welches die Partikelgrößen im Abgasstrang vor und nach Ottopartikelfilter bestimmen kann. Ein geeignetes Messgerät stellt die Firma TSI zur Verfügung. Das verwendete Messgerät, ein TSI Engine Exhaust Particle Sizer 3090 (EEPS 3090), sowie die dazu verwendete Verdünnungseinrichtung, ein Ejektorverdünner der Firma Dekati, sollen im Folgenden näher erläutert werden.

TSI Engine Exhaust Particle Sizer 3090

Das Messprinzip dieses Messgeräts basiert auf der elektrischen Beweglichkeitsanalyse, welche das Verhalten elektrisch geladener Teilchen in einem elektrostatischen Feld beschreibt. Der Messgeräteaufbau ist anhand von Abb. 3.7 dargestellt. (41)

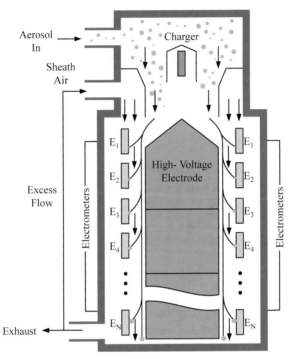

Abb. 3.7:   Geräteaufbau TSI Engine Exhaust Particle Sizer, EEPS 3090, angepasst (42)

Das mittels der Verdünnereinheit verdünnte Abgas tritt am „Aerosol In" in den Zyklonabschei-
der ein, welcher in Abb. 3.7 nicht dargestellt ist. Der hohe Probenvolumenstrom im Zyklonab-
scheider sorgt für eine effiziente Abscheidung von Partikeln größer als 1 μm. Diese übersteigen
den Messbereich und können nicht detektiert werden. Die Partikel werden anschließend entsprechend ihrer Größe mittels Coronaaufladung elektrisch positiv aufgeladen. Die Aufladeein-
richtung befindet sich am Gerätekopf und ist axial zur Elektrometerröhre angebracht. Ein
Schleierluftmassenstrom aus gereinigter Luft sorgt für den Transport der Partikel in die Elektrometerröhre und darüber hinaus für ein Gleichgewicht zwischen Strömungskraft und elektro-
statischer Anziehungskraft. Der äußere Ring der Elektrometerröhre besteht aus 22 elektrisch
voneinander isolierten Elektrometerringen, welche mit einem Ladungsverstärker verbunden
sind. Der innere Ring ist an eine hohe positive Spannungsquelle angeschlossen und bildet die
Hochspannungselektrode. Treffen die Partikel infolge der elektrostatischen Kraft auf die Elekt-
rometer, so transferieren sie die entsprechend ihrer Größe aufgebrachte Ladung. Mit zunehmender Anzahl auftreffender Partikel wird das Elektrometersignal stärker. Kleine Partikel werden durch ihre hohe elektrische Mobilität an den oberen Elektrometerringen abgeschieden wohingegen große Partikel auf die unteren treffen. Die Software benutzt die Elektrometersignale
als Stützstellen zur Berechnung der Partikelgrößenverteilung. Die maximale Aufnahmefre-
quenz von 10 Hz ermöglicht auch dynamische Messungen. (41)

Verdünnereinheit

Das EEPS 3090 kann hinsichtlich Probentemperatur und Partikelkonzentration nur verdünntes Abgas messen. Aufgrund der geringen Partikelanzahlkonzentration in Ottomotoren genügt ein geringer Verdünnungsfaktor. Aus Gründen der Robustheit und der einfachen Reinigung wird ein Ejektorverdünner der Firma Dekati verwendet, welcher anhand von Abb. 3.8 dargestellt wird.

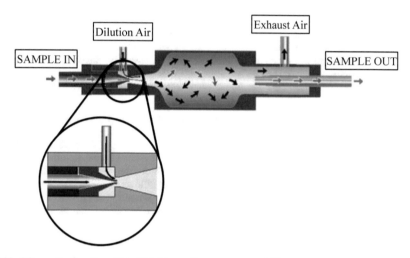

Abb. 3.8:   Geräteaufbau, Dekati Ejektorverdünner, angepasst (43)

Die Umströmung der Ejektordüse mit gereinigter Verdünnungsdruckluft saugt Abgas durch den Anschluss „SAMPLE IN" an. In der Vermischungskammer wird die Abgasprobe dann homogen mit der Verdünnungsluft vermischt. Am Anschluss „SAMPLE OUT" kann ein nachgeschaltetes Messgerät drucklos die Abgasprobe entnehmen. Am Anschluss „Exhaust Air" wird das überschüssige verdünnte Abgas in die Abgasentsorgung geleitet. Bei einem Verdünnungsluftdruck von 2 bar gibt der Hersteller einen Verdünnungsfaktor von 8 an. (44)

Aufgrund schwankender Probendrücke- und Temperaturen in dieser Arbeit bedarf es einer ständigen Überwachung des Verdünnungsfaktors. Zu diesem Zweck werden die Anschlüsse „Exhaust Air" und „SAMPLE OUT" unter der Annahme identischer vorliegender Partikelanzahlkonzentration funktionell getauscht. Über das Entnahmerohr des Anschlusses „SAMPLE OUT" wird ein 40 cm langes Rohr mit Messstelle zur Messung der CO- und CO_2-Konzentration nach Ejektorverdünner geschweißt. Anschließend wird die Probe in die Abgasentsorgung geleitet. Am Anschluss „Exhaust Air" entnimmt das EEPS 3090 die Abgasprobe.

Zur Vermeidung der Wasserkondensation und Verstopfung des Verdünners werden sämtliche Probenzuleitungen, der Verdünner selbst und auch die Verdünnungsdruckluft auf 150 °C beheizt.

3.4 Differenzdruckmessungen am Motorprüfstand

In dieser Arbeit wird das Differenzdruckverhalten von Ottopartikelfiltern detailliert thematisiert. Um bei der Messung des statischen Differenzdrucks dieser Bauteile möglichst wenig systematische Fehler zu begehen wird ein spezieller Aufbau zur Differenzdruckmessung entwickelt. Dieser soll im Folgenden näher erläutert werden.

Zur Sicherstellung ähnlicher Strömungsgeschwindigkeiten wird der Rohrquerschnitt vor und nach Ottopartikelfilter identisch ausgeführt wodurch eine Beeinflussung der Messung durch unterschiedliche dynamische Drücke ausgeschlossen werden kann. Darüber hinaus werden die Druckmessröhrchen vor und nach OPF mit 2 mm Innendurchmesser am Umfang des Rohres in 90° Abstand zueinander und bündig zur Innenwand des Abgasrohres angebracht. Der geringe Röhrchendurchmesser sowie deren Anordnung garantieren eine geringe Beeinflussung der Strömung und eine Messung des gemittelten statischen Druckes im beschriebenen Rohrquerschnitt.

Zwischen der Druckmessstelle und dem Drucksensor wird ein Kondensatabscheider verbaut, um die Messung nicht durch Kondensatrückstände zu beeinflussen. Von der Messstelle zum Abscheider verlaufen die Leitungen fallend, wohingegen diese vom Abscheider zum Drucksensor steigend verlaufen. Entstehendes Kondensat kann in den Abscheider abfließen und aufgefangen werden. Darüber hinaus dämpft das Kondensatabscheidervolumen auftretende Druckschwingungen und erzielt die Wirkung eines Tiefpassfilters, was die Signalqualität des Drucksignals positiv beeinflusst. Beide Drucksensoren werden auf identischer geodätischer Höhe verbaut um einen Einfluss unterschiedlicher statischer Drücke bei Höhenvariation zu eliminieren.

Es werden Absolutdrucksensoren der Firma WIKA verwendet. Zum Einsatz kommen zwei Absolutdrucksensoren vom Typ P-30. Das Messprinzip basiert auf der Verformung einer Membrane unter Zuführung von Hilfsenergie, sodass der anstehende Druck in ein verstärktes, standardisiertes Signal umgewandelt werden kann. Die Sensoren weisen eine Messspanne von 0 hPa bis 1600 hPa auf und ermöglichen Mess- und Ausgaberaten von bis zu 1 kHz. Die Sensoren sind für Präzisionsmessungen konzipiert und weisen eine nur geringe Messabweichung von 0,05 % der Spanne auf. Dies sind +/- 0,8 hPa. (45)

3.5 Messstellenaufbau und Testsystematik

Dieses Kapitel beschreibt den Testablauf und den Messstellenplan der in Kapitel 6.2 und Kapitel 6.3 erläuterten Messungen. Dabei wird nur auf Messgrößen eingegangen, welche für die jeweilige Messung von Relevanz sind.

Differenzdruckmessung

Zur Messung des Differenzdruckverhaltens von Ottopartikelfiltern wird der gesamte Massenstrombereich des Aggregats verwendet. Zu diesem Zweck wird der Differenzdruck in fünfzehn Betriebspunkten gemessen. Bei einer Motordrehzahl von 1000 1/min befinden sich die ersten beiden Messpunkte bei einem Motordrehmoment von 50 Nm und 100 Nm. Anschließend wird das Aggregat für jeden Messpunkt im Volllastbetrieb betrieben. Dabei wird von einer Drehzahl von 1000 1/min die Drehzahl für jeden Messpunkt bis 2000 1/min um 250 1/min angehoben. Die weiteren Messpunkte bis zu einer Motordrehzahl von 6000 1/min werden mit Drehzahlschritten von 500 1/min erzeugt.

In jedem Messpunkt wird der Betriebspunkt solange gehalten, bis sich stationäre Temperaturen einstellen. Im Anschluss daran werden die Betriebsparameter für 20 Sekunden in diesem Betriebspunkt gemessen und arithmetisch gemittelt.

Um eine Rußeinlagerung bereits während der Differenzdruckmessung auszuschließen, wird der zu messende Ottopartikelfilter vor und nach jedem Messpunkt regeneriert. Die Motordrehzahl wird dazu auf 4000 1/min, das Motordrehmoment auf 130 Nm und das Luftverhältnis im Abgas wird auf 1,15 geregelt. Dieser Betriebspunkt ermöglicht eine Eintrittstemperatur von ca. 720 °C in den OPF und eine Sauerstoffkonzentration von 3,3 % bis 3,5 % im Abgas. Voruntersuchungen haben ergeben, dass die Beharrung über eine Zeit von 180 s in diesem Betriebspunkt die vollständige Oxidation von im OPF eingelagertem Ruß sicherstellt und keine weitere Abnahme des Differenzdruckes eintritt. Bei Betriebspunkt 1 bis 4 wird nach der Rußoxidation noch eine Konditionierphase eingeleitet. In diesem Betriebspunkt wird die Motordrehzahl auf 4000 1/min und das Motordrehmoment auf 80 Nm geregelt wodurch die nachfolgende Beharrungszeit für den Messpunkt verkürzt werden kann. Die kurzen Betriebszeiten des OPF's vor den Messpunkten stellen eine Rußeinlagerung von weniger als 1 mg im OPF sicher und schließen eine Beeinflussung der Messung durch eine zusätzliche Rußbeladung aus. Abb. 3.9 zeigt die für Differenzdruckmessungen relevanten Messstellen.

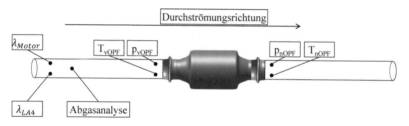

Abb. 3.9:   Messstellenplan Differenzdruckmessung

Die Motorlambdasonde ist als Sprungsonde ausgeführt und übernimmt die Lambdaregelung wohingegen die LA4 als Breitbandsonde ausgeführt ist und der Luftverhältnisüberwachung dient. Die Abgasanalyse bestimmt vor Ottopartikelfilter die Schadstoffkonzentration im Abgas und dient der Berechnung der spezifischen Gaskonstante des Abgases, welche zur Berechnung des Abgasvolumenstroms vor OPF unter Zuhilfenahme der Sensorwerte für Druck und Temperatur vor OPF herangezogen wird. Abb. 3.10 zeigt die Messstrecke am Motorprüfstand.

Abb. 3.10:   Messstrecke Differenzdruck

Wie in Abb. 3.10 ersichtlich, führen die Druckmessleitungen von der Ringmessstelle in einer fallenden Leitung zum Kondensatabscheider und von diesem in steigender Form zum Drucksensor. Dieser Aufbau ermöglicht eine sehr genaue Messung des Absolutdrucks ohne störende Schwingungen und Beeinflussungen durch Kondensatrückstände. Der in dieser Arbeit automatisierte Vorgang der Differenzdruckmessung nimmt eine Dauer von 50 Minuten in Anspruch.

Filtrationsmessungen

Um eine Aussage über das Filtrationsverhalten in Abhängigkeit des Abgasmassenstromes von Ottopartikelfiltern treffen zu können, bedarf es der Messung der Partikelanzahl vor und nach Ottopartikelfilter. Viele Partikelanzahlmessgeräte reagieren bezüglich des Messwertes empfindlich auf eine Änderung des Probendrucks. Aus diesem Grund wird für die Messung dieses Verhaltens ein moderater Massenstrombereich gewählt, welcher aus 10 Betriebspunkten besteht.

Für diese Betriebspunkte wird eine Motordrehzahl von 2000 1/min eingestellt und das Motordrehmoment im ersten Messpunkt bei 20 Nm, für jeden weiteren Messpunkt um 20 Nm bis auf 200 Nm erhöht. Im Hinblick auf den Abgasmassenstrom ergibt sich ein Messbereich von ca. 25 kg/h bis ca. 160 kg/h. Der Messstellenplan ist in Abb. 3.11 dargestellt.

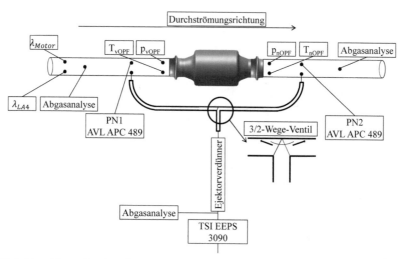

Abb. 3.11:   Messstellenplan Filtrationsmessung

Abb. 3.11 zeigt zusätzlich zu den Messstellen der Differenzdruckmessungen weitere Messstellen für die Filtrationsmessungen. Die Motorlambdasonde ist weiterhin für die Luftverhältnisregelung des Motors zuständig. Zur Volumenstrombestimmung vor und nach Ottopartikelfilter werden der statische Druck und die Temperatur ermittelt. Zur Bestimmung der Filtrationseffizienz ist vor und nach Ottopartikelfilter jeweils ein AVL APC 489, welcher bereits in Kapitel 3.2 erläutert wurde, angeschlossen. Um das partikelgrößenbasierte Filtrationsverhalten beurteilen zu können, bedarf es des TSI Engine Exhaust Particle Sizer 3090. Dieses Messgerät wurde bereits in Kapitel 3.3 näher erläutert. Bei Verwendung dieses Messgerätes kommt eine Messstellenumschaltung zum Einsatz. Vor und nach Ottopartikelfilter ist jeweils eine Partikelentnahmesonde in den Abgasstrang eingebracht, welche über auf 150 °C beheizte Entnahmeleitungen mit einem auf 150 °C beheizten 3/2-Wege-Ventil verbunden sind. Anschließend führt eine beheizte Entnahmeleitung vom Ventil zum Ejektorverdünner.

Die Abgasanalyse entnimmt, gesteuert über ein Entnahmeventil, sowohl vor und nach Ottopartikelfilter als auch nach Ejektorverdünner eine Abgasprobe. Mit Hilfe dieser Messung kann anschließend der Verdünnungsfaktor des Ejektorverdünners ermittelt werden. Durch Bildung des mittleren Verhältnisses der CO- und CO_2-Konzentration von nach Ejektorverdünner zu vor und nach OPF kann die Verdünnungsrate des Verdünners bestimmt werden. Das Umschalten der Entnahmeventile der Abgasanalyse erfolgt zeitlich versetzt. Diese Systematik ermöglicht die verdünnungskorrigierte Bestimmung des Partikelanzahlspektrums vor und nach OPF. Wie bei der Differenzdruckmessung wird der Ottopartikelfilter zwischen den Messpunkten regeneriert. Aufgrund des aufwändigen Messablaufs infolge der drei Abgasentnahmestellen für die Abgasanalyse und des zeitlich versetzten Messvorgangs am EEPS 3090 mit Umschaltventil ist eine Beeinflussung der Messung durch Ruß nicht auszuschließen. Zu diesem Zweck wird nach thermischer Beharrung zuerst das Partikelspektrum nach OPF gemessen, da sich eine Rußpartikeleinlagerung nur auf die Partikelanzahl nach Ottopartikelfilter auswirkt. Daran schließt sich die Messung der Partikelgrößenverteilung vor OPF an. Das Partikelspektrum vor OPF ist in einem stationären Betriebspunkt nur geringen Schwankungen unterlegen und wird als konstant betrachtet. Der Aufbau am Motorprüfstand ist anhand von Abb. 3.12 dargestellt.

Abb. 3.12:   Messstrecke Filtration

Abb. 3.12 stellt das 3/2-Wege-Ventil mit Einmündung der Partikelentnahmestelle vor OPF von links und nach OPF von rechts dar. Die Abgasentnahmepositionen nach Ottopartikelfilter als auch nach Ejektorverdünner sind auf der obigen Abbildung nicht zu erkennen. Aufgrund der Komplexität des Testablaufs mit der Regeneration des Ottopartikelfilters sowie der Ventilumschaltung für die Abgasanalyse und das EEPS benötigt der Filtrationstest eine Zeit von 150 Minuten.

Rußbeladungstest

Zur Durchführung der in Kapitel 6.3 beschriebenen Untersuchungen bedarf es eines standardisierten und automatisierten Tests zur Beladung von Ottopartikelfiltern mit Rußpartikeln. An den Betriebspunkt zur Rußbeladung werden diverse Anforderungen gestellt. Zum einen muss die Temperatur vor Ottopartikelfilter niedrig genug sein, sodass es zu keiner ungewollten Rußoxidation mit im Abgas enthaltenem Restsauerstoff oder der Bouduoard-Reaktion, welche durch eine temperaturabhängige Reaktion von Ruß mit Kohlenstoffdioxid zu Kohlenstoffmonoxid gekennzeichnet ist, kommt (46). Der Abgasmassenstrom im Betriebspunkt muss derart gering sein, dass ein Gegendruck von 50 hPa gegenüber der Umgebung nicht überschritten wird. Bis zu einem Gegendruck von 50 hPa kann auf eine Hochdruck- und Hochtemperaturoption (Bypassventil) am Micro Soot Sensor verzichtet und ein Partikelverlust im Bypassventil vermieden werden. Der gefundene Betriebspunkt weist eine Motordrehzahl von 2000 1/min und ein effektives Motordrehmoment von 80 Nm auf.

Die Temperatur vor Ottopartikelfilter beträgt in diesem Betriebspunkt 470 °C. Eine Rußrege-neration mit Restsauerstoff sowie die Bouduoard-Reaktion sind aufgrund dieser geringen Tem-peraturen auszuschließen. Der Abgasmassenstrom ist mit ca. 60 kg/h gering genug, sodass das Druckkriterium bei jedem untersuchten Ottopartikelfilter erfüllt ist.

Rußbeladungen bis 200 mg stellen die technisch relevante Rußmasse im OPF dar. Bis zu dieser Rußbeladung soll das Differenzdruck- und Filtrationsverhalten bewertet werden. Durch das Startgewicht der OPF's von ca. 3500 g ist ein reproduzierbares Wiegen dieser Beladungen na-hezu unmöglich. Zur Bestimmung der im Ottopartikelfilter eingelagerten Rußmasse bedarf es eines Umschaltventils, um strom ab- und stromaufwärts des Micro Soot Sensor die Rußmassekonzentration bestimmen zu können. Zu Beginn des Rußbeladungstests entnimmt der Micro-Soot-Sensor über das auf 150 °C beheizte 3/2-Wege-Ventil und dessen beheizte Zu-leitungen Abgas stromaufwärts des Ottopartikelfilters. Nach 5 Minuten wird mittels des Um-schaltventils die Entnahmestelle automatisiert auf die Messstelle stromabwärts des Ottoparti-kelfilters umgeschaltet. Bei Kenntnis des Abgasmassenstroms kann der Normvolumenstrom berechnet werden und es wird ein Rußmassenstrom berechnet, welcher unter Berücksichtigung der thermophoretischen Korrekturgleichung gemäß Gl. 3.1 über der Zeit integriert wird.

Während der Messphase stromabwärts des OPF's wird der mittlere korrigierte zeitliche Ruß-massenstrom der vorherigen fünfminütigen Messphase stromaufwärts des OPF's zeitlich inte-griert. Die Messphase stromaufwärts des OPF's folgt analog. Die Differenz der berechneten Rußmasse vor und nach Ottopartikelfilter ergibt die eingelagerte Rußmasse. Aufgrund der Messzeit von 300 Sekunden ist dieser Rußmassenstrommesswert mit Fehlern behaftet, welcher sich durch unendlich schnelle Ventilumschaltungen und unendlich kurze Entnahmeleitungen theoretisch eliminieren ließe. Dem gegenüber steht der bei jeder Umschaltung auftretende Peak im Messwert, welcher die Messung ebenfalls verfälscht. Eine Umschaltzeit von 300 Sekunden erweist sich als guter Kompromiss zur Lösung dieses Zielkonflikts. Diese Zeitspanne garantiert eine geringe Beeinflussung der Messung durch Messwertpeaks während der Ventilschaltungen. Abb. 3.13 stellt den Messstellenplan für den Rußbeladungstest dar.

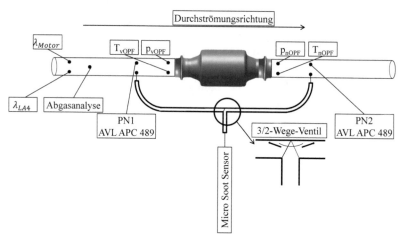

Abb. 3.13:   Messstellenplan Rußbeladungstest

Der Unterschied im Messaufbau zum Filtrationstest besteht darin, dass nur noch eine Abgasent-
nahmestelle für die Abgasanalyse vor Ottopartikelfilter existiert und statt des Ejektorverdünners und des EEPS 3090 der Micro-Soot-Sensor an das 3/2-Wege-Ventil angeschlossen ist. An
dieser Stelle wird auf eine Abbildung der Messumgebung am Motorprüfstand verzichtet, da
keine relevanten Änderungen zu Abb. 3.12 bestehen.

3.6 Kaltgas- und Filtrationsprüfstand

Zur Durchführung der in Kapitel 6.1 beschriebenen Untersuchungen stehen ein Differenzdruck-
und ein Filtrationsprüfstand mit kaltem Durchströmungsmedium zur Verfügung. Diese Labor-
prüfstände werden im Folgenden kurz erläutert.

Differenzdruckprüfstand

Der verwendete Kaltgasprüfstand zur Differenzdruckmessung ist in Abb. 3.14 dargestellt.

Abb. 3.14:   Messaufbau Kaltgasprüfstand

Über ein Kaltluftgebläse wird ein gewisser Luftmassenstrom erzeugt. Der gereinigte und trockene Luftmassenstrom, welcher durch das Einlassventil in die Messapparatur eintritt, wird
mittels eines Massenstrommessgerätes vom Typ MF64S der Firma Brooks gemessen. Die Messungenauigkeit beträgt +/- 0,7 % des aktuellen Messwertes und +/- 0,2 % der vollen Messbandbreite (47). Die Apparatur ermöglicht Normvolumenströme von bis zu 360 Nm³/h. Der Ottopartikelfilter ist als reines Substrat in ein Wechselcanning eingebracht.

Aufgrund fehlender Ein- und Auslauftrichter zum OPF-Canning werden diese Differenzdruckanteile eliminiert. Zur Differenzdruckmessung ist jeweils ein Differenzdrucksensor stromauf- und stromabwärts des Ottopartikelfilters verbaut.

Die Sensoren vom Typ PD-41X der Firma Keller decken mit einer Messungenauigkeit von +/- 0,2 % der vollen Messbandbreite folgende Differenzdruckbereiche ab (48):

- 0 mbar – 10 hPa
- 0 mbar – 50 hPa
- 0 mbar – 200 hPa

Nach Passieren des Ottopartikelfilters wird der Luftmassenstrom in die Abluftanlage befördert. Durch das Wechselcanning können die Bauteile schnell montiert und mehrfach mit unterschiedlichen Rußbeladungen gemessen werden. Zu diesem Zweck werden die Ottopartikelfilter an einem Gebläse mit Printex U Ruß beladen.

Filtrationsprüfstand

Die Ottopartikelfilter werden einem weiteren Test unterzogen, welcher die Messung der Filtrationseffizienz bei paralleler Rußbeladung beinhaltet. Der schematische Mesaufbau wird durch Abb. 3.15 verdeutlicht.

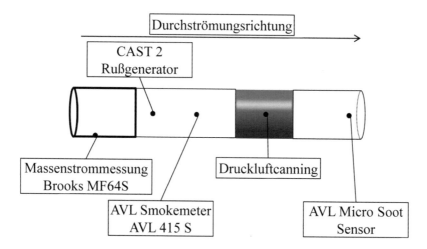

Abb. 3.15: Messstellenplan Filtrationsprüfstand

Ein Rußgenerator vom Typ CAST2 des Geräteherstellers Matter saugt einen gereinigten und trockenen Luftmassenstrom an und gibt ein vorher eingestelltes Spektrum an Rußpartikeln aus, welches an Partikelspektren aktueller Ottomotoren angelehnt ist (49). Ein Smokemeter vom Typ 415 S des Herstellers AVL bestimmt die Trübung des Abgases auf einem Filterpapier. Der Trübungswert kann aufgrund der Korrelation mit einer Rußkonzentration direkt in eine Rußmasse überführt werden (50). Durch zeitliche Integration dieses Messwertes und des Messwertes des Micro Soot Sensors stromabwärts des OPF's wird die eingelagerte Rußmasse und die Filtrationseffizienz bestimmt.

4 Strömungssimulation

Um Erkenntnisse darüber zu gewinnen, wie sich Ruß und Asche im jeweiligen Ottopartikelfilter ablagern, ist eine theoretische Modellbetrachtung dieses Bauteils von Nöten. Dabei sollen Strömungsphänomene im Ottopartikelfilter wiedergegeben und das Verständnis der experimentellen Ergebnisse unterstützt werden. Darüber hinaus soll die Möglichkeit geboten werden, für zukünftige Auslegungen eine optimale Geometrie zu finden. Zu diesem Zweck wird in diesem Kapitel auf die Differenzdruckberechnung von Ottopartikelfiltern mittels CFD-Simulation eingegangen.

4.1 Strömungssimulation – Stand der Technik

Seit der Einführung der Dieselpartikelfilter besteht ein großes Interesse an den Zusammenhängen zwischen der Geometrie und des Differenzdrucks. In der Vergangenheit wurden viele Modelle zur Vorhersage des Differenzdruckverhaltens entwickelt. Die Differenzdruckmodelle reichen von nulldimensionalen Modellen in Form von Excel-Tabellenblättern über eindimensionale Strömungsberechnungen unter Verwendung der eulerschen Gleichungen bis hin zu aufwendigen zwei- und dreidimensionalen Strömungsmodellen. Die beiden erstgenannten weisen bezüglich ihrer Flexibilität und benötigten Rechenleistung Vorteile auf, wobei bei nulldimensionalen Modellen der Verlauf thermodynamischer Zustandsgrößen verloren geht. Diese Größen werden bei eindimensionalen Modellen in Kanalrichtung berücksichtigt. Zweidimensionale Modelle berücksichtigen eine vollständige Ebene aus Ein- und Auslasskanal sowie die dazwischen befindliche Substratwand, wohingegen dreidimensionale Modelle auch die Kanaltiefe betrachten. Mit zunehmendem Detaillierungsgrad steigen die Informationstiefe und auch die Genauigkeit der Berechnung bei erheblich gesteigerter Rechenleistung und verringerter Flexibilität an.

Im Folgenden soll auf dreidimensionale Berechnungsmodelle eingegangen werden an denen sich das in dieser Arbeit entwickelte Modell orientiert. Das Modell nach Zhang et al. besteht aus jeweils zwei Viertel-Einlasskanälen und zwei Viertel-Auslasskanälen (siehe Abb. 4.1) ‚mit zwischen den Kanälen befindlicher Kanalwand, was die Komplexität reduziert und Berechnungsressourcen spart. (51)

Die Standardgeometrie wird durch ein Dieselpartikelfilter aus Cordierit mit einer Zelligkeit von 330 CPSI, einer Wandstärke von 11 mil sowie einem Durchmesser und einer Länge von 8 Zoll beschrieben. Der geringe geometrische Modellaufwand zur Abbildung eines realen Filterkanals wird anhand der symmetrischen Randbedingungen an allen Kanten des Modells realisiert. Gemäß der Annahme einer laminaren Strömung im Kanal (Reynoldszahl kleiner als 2300 (7)) kann auf Turbulenzmodelle verzichtet werden. Die Substratwand wird anhand eines porösen Mediums mit definierter Permeabilität modelliert. Ein- und Austrittseffekte der Strömung werden in diesem Modell nicht berücksichtigt. Im Eintrittsquerschnitt des Einlasskanals wird ein gleichförmiges Strömungsprofil in Rechteckform vorgegeben. (51)

Weiterhin wird von einem gleichförmigen Anströmungsprofil der gesamten Stirnfläche des Dieselpartikelfilters ausgegangen und der Massenstrom pro Viertel-Einlasskanal anhand der Zelligkeit, Wandstärke sowie Substratdurchmesser und Abgasmassenstrom berechnet. (51)

© Springer Fachmedien Wiesbaden GmbH, ein Teil von Springer Nature 2018
D. Nowak, *Ruß- und Aschedeposition in Ottopartikelfiltern*,
AutoUni – Schriftenreihe 115, https://doi.org/10.1007/978-3-658-21258-2_4

Modellbereiche ohne signifikante Änderung der Strömungsgeschwindigkeit und des Drucks werden zur Minimierung der Berechnungszeit entsprechend grob vernetzt. Im Übergangsbereich von gleichförmigem Strömungsprofil zur voll ausgebildeten Strömung in der Nähe des Eintritts sowie im Übergangsbereich am Austritt wird ein feineres Netz gewählt. Die Netzweite beträgt hier 0,05 mm. Im Eintrittsbereich der Strömung werden die Gastemperatur und der Massenstrom für einen Viertel-Einlasskanal und am Austritt der statische Druck nach Auslasskanal als Randbedingung vorgegeben. (51)

Als Simulationsumgebung wird die Software ANSYS Fluent verwendet. Die Eintrittsgeometrie für einen regulären DPF wird von Abb. 4.1 dargestellt. Die Berechnungsergebnisse für einen invers durchströmten DPF mit ACT Zellgeometrie werden anhand von Abb. 4.2 aufgezeigt. (51)

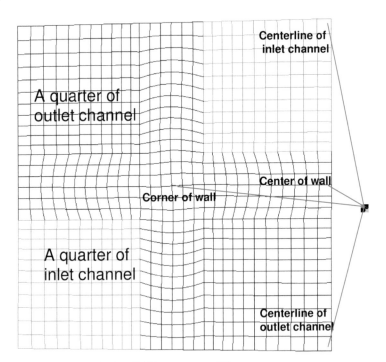

Abb. 4.1:   Zellschema Dieselpartikelfilter, angepasst (51)

Das Diagramm in Abb. 4.2 teilt sich in 3 Diagramme auf. Im obersten wird die absolute Strömungsgeschwindigkeit in der Mittelachse des Ein- und Auslasskanals dargestellt. Das mittlere Diagramm stellt die absolute Strömungsgeschwindigkeit in der Mitte der Kanalwand und mittig im Kreuz der Substratwände dar. Der statische Überdruck in Ein- und Auslasskanal wird anhand des untersten Diagramms dargestellt. Die Ergebnisse verdeutlichen, dass der Großteil des Abgasamssenstroms im Austrittsbereich des DPF's durch die Wand strömt, was durch eigene Simulationen bestätigt werden kann (siehe Kapitel 4.3). (51)

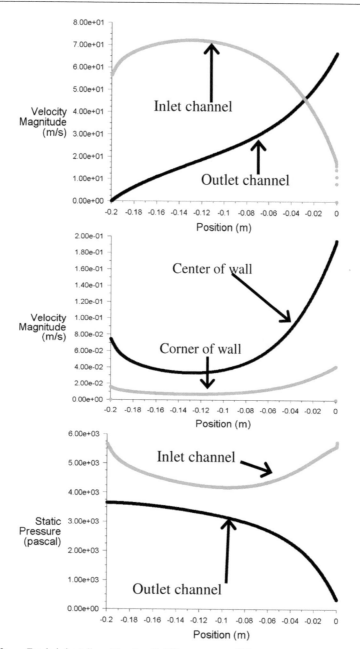

Abb. 4.2: Ergebnisdarstellung Dieselpartikelfilter, angepasst (51)

4.2 Aufbau des Simulationsmodells

Zur Modellierung des Ottopartikelfilters wird die Software Star CCM+ verwendet. Die Geometrie wird dreidimensional aufgebaut, um die Strömungsphänomene im Kanal unter bestimmten Annahmen korrekt wiederzugeben. Eine zweidimensionale Modellierung gibt qualitative Einflüsse korrekt wieder jedoch wird bei einer Vergrößerung des Kanalquerschnittes die Wandoberfläche nicht erhöht. Hieraus folgt eine nicht korrekte Gewichtung der Differenzdruckanteile. Da die Modellierung eines kompletten Ottopartikelfilters zu viele Ressourcen benötigt, wird in dieser Arbeit ein Modell verwendet, welches aus zwei Ein- und Auslasskanälen besteht und an das in Kapitel 4.1 erwähnte Modell angelehnt ist. Sowohl die Ein- als auch Auslasskanäle sind jeweils zu einem Viertel ausgeführt. Kanäle gleicher Funktion liegen sich im Modell, wie auch am ausgeführten Bauteil, kreuzweise gegenüber. Das zwischen den Ein- und Auslasskanälen befindliche Volumen wird als Kanalwand modelliert. Im Gegensatz zum CFD-Modell nach Zhang et al. (Einlasskanal beginnt nach Stopfenende und Auslasskanal endet vor Stopfen) werden in diesem Modell die Stopfen im Ein- und Austrittsbereich des Bauteils berücksichtigt. Infolge des ein- und auslassseitigen Stopfens ist der Massetransfer durch die Kanalwand behindert, welcher einen Einfluss auf die Ausbildung des laminaren Strömungsprofils ausübt. Dieser Effekt soll in diesem Modell Berücksichtigung finden. Die perspektivische Modellansicht ist in Abb. 4.3 dargestellt.

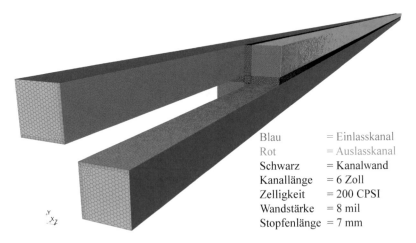

Blau   = Einlasskanal
Rot   = Auslasskanal
Schwarz   = Kanalwand
Kanallänge   = 6 Zoll
Zelligkeit   = 200 CPSI
Wandstärke   = 8 mil
Stopfenlänge = 7 mm

Abb. 4.3:   3D CFD Modell OPF Kanäle

Die Vernetzung bzw. Diskretisierung des Modells erfolgt mit Zellen in Form von Polyedern. Diese werden vor allem für das freie Strömungsvolumen innerhalb des Kanals verwendet. Für die Übergänge zur Filterwand werden prismatische Zellen zur Diskretisierung verwendet. Aufgrund der stark gerichteten Strömung eignet sich diese Zellform besonders. Im Modell wird wie auch im Modell von Zhang et al. keine Turbulenz vorausgesetzt (51). Die Reynoldszahlen im Bereich von Motorvolllastmessungen sind stets kleiner als 2300 (7). Der Vernetzungsalgorithmus arbeitet mit einer Zellengröße von 0,05 mm. Für Randbereiche werden Zellen mit einer Größe von 0,005 mm verwendet. Die Kanalkantenlänge wird durch 15 bis 25 Zellen diskretisiert. Erfahrungsgemäß reicht hierfür „eine Anzahl von 10 Zellen" (52).

Die Modelle erreichen abhängig von der Geometrie eine Zellzahl von ca. $6 \cdot 10^6$ Zellen. In der Simulation wird Luft mit einer Molmasse von 0,028964 kg/mol als Strömungsmedium verwendet. Weiterhin wird die Luft als ideales Gas modelliert. Die dynamische Viskosität von Luft in Abhängigkeit der Temperatur wird durch das Gesetz von Sutherland beschrieben, welches direkt in Star CCM+ implementiert ist. Es ist im Folgenden dargestellt (53):

$$\eta_{suth} = \eta_{0suth} \frac{T_{0suth} + C_{suth}}{T_{Gas} + C_{suth}} \left(\frac{T_{Gas}}{T_{0suth}}\right)^{\frac{3}{2}}, mit\ T_{0suth} = 273,15\ K, \tag{Gl. 4.1}$$

$$C_{suth} = 111,0\ K, \eta_{0suth} = 1,716 \cdot 10^{-5}\ Pas$$

Die Strömungsberechnung folgt den Gesetzen der Navier-Stokes-Gleichung. Diese Gleichung wird für jede Zelle einzeln gelöst. Auf die einzelnen Terme dieser Gleichung soll an dieser Stelle nicht eingegangen werden. Das Strömungsverhalten innerhalb der Filterwand wird durch die Forchheimer-Gleichung beschrieben wie bereits in Kapitel 2.2 anhand von Gl. 2.6 erwähnt. Sie ist direkt in Star CCM+ für die Modellierung poröser Medien implementiert.

Infolge der geringen Durchströmungsgeschwindigkeiten der Substratwand kann die Forchheimer Erweiterung vernachlässigt werden und das Strömungsverhalten wird durch das Gesetz von Darcy beschrieben. Die entsprechenden Gleichungen in der Software werden zu Null bedatet und es folgt das Gesetz von Darcy (9):

$$\frac{dp}{dx} = \frac{\eta_{Wall}}{K_{Wall}} v_{Wall} \tag{Gl. 4.2}$$

Die oben erwähnten Gesetzmäßigkeiten beschreiben das Strömungsverhalten innerhalb des Kanals und der Substratwand. Im Folgenden soll auf die Eingangsparameter sowie auf die im Modell getroffenen Vereinfachungen und Randbedingungen eingegangen werden. Folgende Größen dienen als Eingangsgrößen zur Vernetzung und Diskretisierung der Kanalgeometrie:

- Kanallänge: Hier wird die reale Kanallänge vorgegeben.
- Kanalbreite: Hier wird die halbe (Viertelkanal) Kanalbreite vorgegeben. Dieser Parameter wird aus Wandstärke und Zelligkeit errechnet.
- Stopfenlänge: Sie beschreibt die Länge der ein- und austrittsseitigen Stopfen. Hier sind sie 7 mm lang.
- Wandstärke: Hier wird die Wandstärke vorgegeben. In dieser Arbeit schwanken diese Wandstärken zwischen 8 mil und 12 mil (0,2032 mm bzw. 0,3048 mm).

Weiterhin sind neben den geometrischen Parametern auch folgende thermodynamische Größen zur Modellbeschreibung bzw. direkt für die Berechnung ausschlaggebend:

- Massenstrom Einlasskanal: Dieser Wert beschreibt den Massenstrom pro Viertel-Einlasskanal. Dieser Wert gilt für beide Einlasskanäle.
- Temperatur Einlasskanal: Dieser Wert beschreibt die Gastemperatur im Eintrittsbereich der Einlasskanäle.
- Permeabilität Filterwand: Dieser Wert gibt die Permeabilität der Filterwand an.
- Open Frontal Area Einlass:ieser Wert gibt den freien Strömungsquerschnitt der Eintrittsgeometrie des Ottopartikelfilters an.
- Open Frontal Area Auslass: Dieser Wert gibt den freien Strömungsquerschnitt der Austrittsgeometrie des Ottopartikelfilters an.

Die beiden letztgenannten Größen gehen in ein eigens implementiertes Berechnungsmodell zur Berechnung der Ein- und Austrittsverluste ein. Diese Einzeldruckverluste werden anhand von Gl. 2.2 berechnet. Zur Berechnung der Druckverlustanteile werden die im Ein- und Austritts-querschnitt gemittelten Zustandsgrößen der Gasdichte- und Geschwindigkeit für die Berechnung verwendet. Aufgrund der vorliegenden Modellgeometrie und Randbedingungen ist dieses Modell von Nöten. Druckverlustanteile, hervorgerufen durch den Ein- und Austrittstrichter werden aufgrund der geringen generierten Differenzdrücke vernachlässigt. Im Folgenden wird auf die Randbedingungen am Modell eingegangen:

- **Einlassquerschnitt Einlasskanäle**
  Der Eintrittsbereich beider Einlasskanäle ist als „Mass-Flow-Inlet" ausgeführt. Hier werden ein rechteckförmiges Massenstromprofil sowie eine Temperatur vorgegeben.

- **Auslassquerschnitt Auslasskanäle**
  Der Austrittsbereich beider Auslasskanäle ist als „Outlet" definiert. Hier wird der statische Umgebungsdruck vorgegeben.

- **Stopfenbereich Ein/-Auslasskanal**
  Im Bereich der ein- und austrittsseitigen Stopfen im Ein- und Auslasskanal ist die Substratwand aufgrund sehr geringer Strömungsanteile nicht modelliert

- **Stirnseite der Stopfen**
  Sämtliche Stirnseiten der Stopfen, welche in die Ein- oder Auslasskanäle gerichtet sind, sind als adiabate und undurchlässige Wände modelliert, da keine nennenswerte Durchströmung stattfindet.

- **Restliche Modellgrenzen**
  Sämtliche Modellflächen, welche nicht aus einem Ein- oder Austrittsquerschnitt bestehen, nicht an die Stopfen angrenzen und keine Berührung zur Substratwand aufweisen sind als Symmetrieebenen ausgeführt. Die Symmetrieebenen sind eine Notwendigkeit der Modellgeometrie.

Anhand des beschriebenen Berechnungsmodells kann im Folgenden der Einfluss unterschiedlicher Randbedingungen und Geometrien auf den Differenzdruck und das Durchströmungsprofil des Bauteils untersucht werden.

4.3 Simulationsergebnisse bei Geometrievariation

In diesem Kapitel wird auf die Strömung im Ottopartikelfilter sowie dessen Differenzdruck bei Variation geometrischer Parameter eingegangen. Die Berücksichtigung des Substratdurchmessers ist im Modell nur indirekt über eine Änderung des Massenstroms im Einlasskanal möglich. Darüber hinaus weist der Substratdurchmesser keine signifikanten Einflüsse auf die Strömungsform im Kanal auf. Ferner errechnet sich der Massenstrom anhand des Gesamtmassenstroms sowie der Zelligkeit und der Wandstärke des OPF's. Der Differenzdruck wird durch den freien Kanalquerschnitt, die Wandstärke, die Kanallänge und die Wandpermeabilität beeinflusst. Zur Evaluation des Differenzdrucks in Abhängigkeit der Geometrieparameter werden im Folgenden unterschiedliche Geometrievarianten berechnet.

Dabei werden ausgehend von einem Grundsubstrat mit einem Durchmesser von 4,662 Zoll sowie einem gesamten Abgasmassenstrom von 450 kg/h bei einer Temperatur von 800 °C am Eintritt des Einlasskanals und einem statischen Druck von 1263,25 hPa (250 hPa Überdruck zur Simulation der restlichen Abgasanlage) nach Austritt des Auslasskanals die Parameter Wandstärke, Zelligkeit und Substratlänge variiert. Die Wandpermeabilität wird gemäß der Untersuchungen in Kapitel 6.2.1 zu $100 \cdot 10^{-14}$ m² gewählt. Die Stopfenlänge beträgt während dieser Berechnungen 7 mm. Dieser Wert ist typisch für Ottopartikelfilter. Das Berechnungsmodell wurde anhand der Messungen in Kapitel 6.2.1 validiert. Die im Folgenden gezeigten Ergebnisse dienen einer Parameterstudie und sind nicht explizit anhand von Prüfstandsmessungen validiert worden.

In der folgenden Parametervariation werden folgende Werte festgelegt:

Substratlänge	**Zelligkeit**	**Wandstärke**
• l_{S1}=3,0 Zoll	• σ_{S1}= 200 CPSI	• s_{W1}= 8 mil
• l_{S2}=3,5 Zoll	• σ_{S2}= 240 CPSI	• s_{W2}= 10 mil
• l_{S3}=4,0 Zoll	• σ_{S3}= 280 CPSI	• s_{W3}= 12 mil
• l_{S4}=4,5 Zoll	• σ_{S4}= 320 CPSI	
• l_{S5}=5,0 Zoll	• σ_{S5}= 360 CPSI	
• l_{S6}=5,5 Zoll	• σ_{S6}= 400 CPSI	
• l_{S7}=6,0 Zoll		

Die Ergebnisse der durchgeführten 126 Simulation ist in Abb. 4.4 dargestellt.

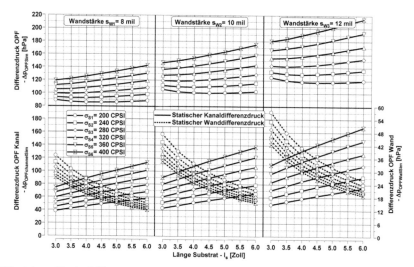

Abb. 4.4: Totaler Differenzdruck, Wanddifferenzdruck und Kanaldifferenzdruck bei Variation der Substratlänge sowie der Wandstärke und der Zelligkeit

Das Diagramm ist in 6 Teildiagramme unterteilt. Die oberen drei Diagramme stellen den totalen Differenzdruck des Substrates bei Variation der Substratlänge, der Zelligkeit und Wandstärke dar. Es ist zu erkennen, dass mit zunehmender Wandstärke der Differenzdruck, zusammengesetzt aus Kanal- und Wanddruckverlust, steigt. Gemäß dem Diagramm links oben fällt auf, dass bei einer Zelligkeit von 200 CPSI der totale Differenzdruck bei 4 Zoll bis 4,5 Zoll Substratlänge ein Minimum erreicht. Sinkt die Länge, so steigt der Wanddruckverlustanteil am Gesamtdifferenzdruck an wohingegen bei hohen Substratlängen dieser Anteil sinkt. Bei Erhöhung der Zelligkeit lässt sich beobachten, dass dieses Minimum bei immer kleineren Substratlängen auftritt, da das Gleichgewicht zwischen Kanal- und Wanddruckverlust infolge der erhöhten Wandoberfläche bereits bei kürzeren Längen erreicht wird.

Den Kanal- und Wanddruckverlust verdeutlichen die unteren drei Diagramme in Abb. 4.4. Mit steigender Wandstärke nimmt der Wanddruckverlust infolge des verlängerten Strömungsweges zu woraufhin er bei steigender Länge und Zelligkeit aufgrund höherer Wandoberfläche abnimmt. Bei Zunahme der Wandstärke werden die Wandoberfläche und der freie Kanalquerschnitt reduziert und beide Differenzdruckanteile steigen. Durch die mit zunehmender Wandstärke abnehmende OFA steigen die Ein- und Austrittsdruckverluste an. Es ist erkennbar, dass mit zunehmender Wandstärke bei identischer Zelligkeit die optimale Substratlänge zu leicht höheren Werten tendiert, sofern die Kurve ein Optimum aufweist. Dies ist gemäß Kapitel 2.2 auf Seite 6 jedoch stark von der Wandpermeabilität abhängig. Wird sie erhöht, so nimmt vornehmlich der Wanddruckverlust ab. Bei hohen Permeabilitäten sind hohe Zelligkeiten, durch Bereitstellung einer hohen Wandoberfläche im Vorteil.

Das Strömungsverhalten innerhalb der Kanäle wird anhand von Abb. 4.5 bis Abb. 4.7 dargestellt.

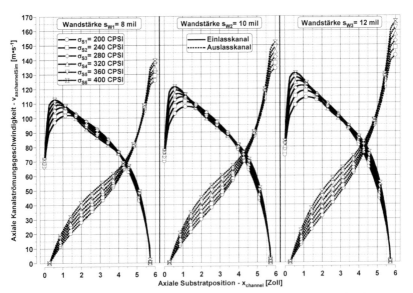

Abb. 4.5:   Axiale Kanalströmungsgeschwindigkeit in Kanalmittelachse bei Variation der Substratlänge sowie der Wandstärke und der Zelligkeit

Die Diagramme stellen das Durchströmungsverhalten der Ottopartikelfilter bei Variation der erwähnten Geometrieparameter dar. Für diese Betrachtungen werden die Berechnungsergebnisse für einen Ottopartikelfilter mit einer Substratlänge von 6 Zoll verwendet. Abb. 4.5 stellt die axiale Kanalströmungsgeschwindigkeit in Ein- und Auslasskanalachse in Abhängigkeit der axialen Position im Substrat dar.

Im Einlassbereich der Einlasskanäle wird das Massenstromprofil in Rechteckform vorgegeben. Anschließend bildet sich bis 1,5 Zoll Tiefe ein laminares Geschwindigkeitsprofil im Einlasskanal aus, wo auch die maximale Geschwindigkeit erreicht wird. Mit zunehmender Zelligkeit ist die Ausbildung der laminaren Strömung umso früher abgeschlossen. Im Folgenden nimmt die Strömungsgeschwindigkeit im Einlasskanal ab. Dabei nimmt der Geschwindigkeitsgradient stetig mit zunehmender Tiefe im Einlasskanal und steigender Zelligkeit zu. Im Auslasskanal beträgt die Strömungsgeschwindigkeit am einlassseitigen Stopfen Null. Entsprechend des Massetransfers vom Ein- in den Auslasskanal nimmt die Strömungsgeschwindigkeit in diesem zu. Dieser Geschwindigkeitsverlauf weist einen charakteristischen Punkt mit minimalem Geschwindigkeitsgradienten auf. An diesem Punkt der axialen Substratposition wird die geringste Masse zwischen Ein- und Auslasskanal transferiert und die Durchströmungsgeschwindigkeit der Wand erreicht ihr Minimum. Mit zunehmender Zelligkeit verschiebt sich dieser Punkt in Richtung Austritt des OPF's. Eine leichte Verschiebung dieses Punktes in Richtung Eintritt des OPF's kann mit steigender Wandstärke beobachtet werden. Der hohe Strömungsgeschwindigkeitsunterschied im Auslasskanal bis etwa 4,5 Zoll ist durch den bei geringeren Zelligkeiten bedingten früheren Wanddurchtritt des Abgases zu erklären. Mit sinkender Wandoberfläche (sinkende Zelligkeit) wird im vorderen Bereich des OPF's mehr Abgas von Ein- in den Auslasskanal transferiert als im Vergleich zu hoher Wandoberfläche (hohe Zelligkeit). Hier konzentriert sich der Wanddurchtritt des Abgases auf den hinteren Bereich.

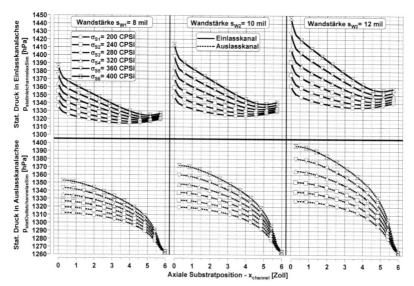

Abb. 4.6: Statischer Absolutdruck in Ein- und Auslasskanalachse bei Variation der Substratlänge sowie der Wandstärke und der Zelligkeit

Die statischen Drücke in der Achse des Ein- und Auslasskanals werden durch Abb. 4.6 dargestellt. Der statische Druckverlust im Auslasskanal ist deutlich größer als im Einlasskanal, was
auf höhere Strömungsgeschwindigkeiten infolge eines geringeren statischen Drucks zurückzuführen ist. Die Strömung im Einlasskanal beschreibt eine Staustömung mit anfänglich hohem
Druck, welcher stetig infolge Wandreibung abnimmt und nach Erreichen des Minimums bis
zum Stopfen aufgrund der Abnahme der Strömungsgeschwindigkeit wieder ansteigt. Eine Steigerung der Zelligkeit lässt die Lage des Druckminimums zum Austritt wandern und die Inhomogenität des Druckverlaufs steigen. Die Wandstärke offenbart einen nur sehr geringen Einfluss auf die Position des Druckminimums. Der Druckverlauf im Auslasskanal beschreibt einen
stetigen Abfall mit steigendem Betrag des Gradienten, welcher mit steigender Zelligkeit zunimmt. Hervorgerufen wird der Druckverlust durch Wandreibung und Wandlung von stati-
schem Druck in dynamischen Druck.

Die Differenz der statischen Drücke in beiden Kanälen ergibt den ortsaufgelösten Wanddruckverlust. Die Wanddurchströmungsgeschwindigkeit ist in Abb. 4.7 dargestellt. Die Strömung
erfährt infolge der Reibungsverluste innerhalb der Substratwand und der Dichteabnahme eine
geringe Beschleunigung, sodass das Austrittgeschwindigkeitsprofil von der Substratwand in
den Auslasskanal geringfügig höher ist als das Eintrittgeschwindigkeitsprofil in die Substratwand. Die Wände von Ottopartikelfiltern werden bei hohen Massenströmen sehr inhomogen
durchströmt. Im Eintrittsbereich des Bauteils ist die Strömungsgeschwindigkeit durch die Wand
moderat. Mit zunehmender Tiefe im Einlasskanal nimmt sie ab und erreicht infolge des hohen
Wanddruckgefälles am austrittsseitigen Stopfen ihr Maximum. Eine Erhöhung der Wandstärke
reduziert die Wandoberfläche und erhöht die Durchtrittsgeschwindigkeit wohingegen eine Steigerung der Zelligkeit diese, bei steigender Inhomogenität, senkt.

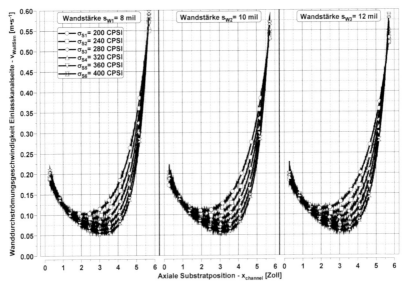

Abb. 4.7:   Wanddurchströmungsgeschwindigkeit der Einlasskanalseite bei Variation der
               Substratlänge sowie der Wandstärke und der Zelligkeit

Ein letzter Sachverhalt wird durch Abb. 4.8 verdeutlicht. Auf der linken y-Achse ist der totale Differenzdruck des Substrates sowie der Kanal- und Wanddruckverlust in Abhängigkeit des Abgasmassenstroms dargestellt. Die verwendete Kanalgeometrie weist eine Zelligkeit von 200 CPSI, eine Wandstärke von 8 mil sowie eine Kanallänge von 6 Zoll bei einem Substratdurchmesser von 4,662 Zoll auf. Die Gastemperatur wurde zu 800 °C und die Wandpermeabilität zu $100 \cdot 10^{-14}$ m² angenommen. Anhand des Diagramms ist eine nahezu lineare Zunahme sämtlicher Differenzdruckanteile zu erkennen. Auf der rechten y-Achse ist der Prozentsatz dargestellt, welchen der Wanddruckverlust am gesamten Differenzdruck einnimmt. Dieser Anteil fällt von anfänglich 30 % bis auf ca. 19 % bei 450 kg/h ab. Dies bedeutet, dass eine Permeabilitätsverringerung der Substratwand infolge Beschichtung sowie Ruß- und Ascheladung bei geringen Abgasmassenströmen hohe relative Differenzdruckänderungen mit sich zieht, da mit sinkender Wandpermeabilität auch der Anteil des Wanddruckverlusts am Gesamtdruckverlust ansteigt. Bei hohen Durchsätzen ist dieser Effekt weniger stark ausgeprägt. Dieser grundsätzliche Sachverhalt wird in Kapitel 6.1 aufgegriffen und anhand von Messungen belegt.

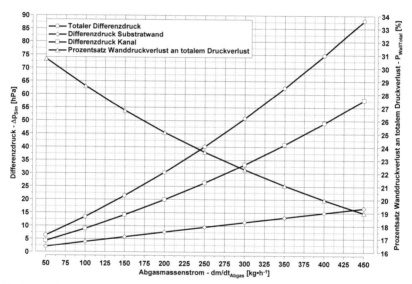

Abb. 4.8: Prozentsatz Wanddruckverlust an totalem Druckverlust

Fazit

Die dargestellten Ergebnisse der Parameterstudie geben einen Aufschluss über Differenzdruckeffekte bei Ottopartikelfiltern und decken sich mit den Simulationsergebnissen aus Kapitel 4.1 nach Zhang et al.. Es wird deutlich, dass der Substratdurchmesser und die Wandstärke keine Optimierungsparameter darstellen, sondern möglichst groß bzw. klein ausgeführt werden sollten. Die Zelligkeit und Kanallänge können bezüglich eines geringen Differenzdrucks optimiert werden. Durch dieses Verhalten können Rückschlüsse auf das Filtrationsverhalten gezogen werden, welches mit steigender Filtrationsgeschwindigkeit bzw. Wanddurchströmungsgeschwindigkeit negativ beeinflusst wird.

Hinzukommend muss dann betrachtet werden wie hoch der ortsaufgelöste Partikelanzahlstrom durch die Substratwand ist. Die hier gewonnenen grundlegenden Erkenntnisse werden in Kapitel 6.2 noch einmal aufgegriffen. Mit steigender Wandoberfläche wird der Wanddruckverlust reduziert was eine reduzierte absolute Differenzdruckerhöhung infolge Ruß- und Aschebeladung vermuten lässt. Die Auswirkungen einer variablen Wandpermeabilität werden anhand von Kapitel 6.3 aufgezeigt.

Bei der CFD-Simulation unterschiedlicher Geometrievarianten werden der Fertigungsprozess und die Serientauglichkeit des Ottopartikelfilters vernachlässigt. Bei einem Durchmesser von 4,662 Zoll erweist sich das Canning von Substraten, welche kürzer sind als 3,7 Zoll als schwierig. Es sollte ein Längen- zu Durchmesserverhältnis von mindestens 0,8 eingehalten werden um ein Verkanten des Monolithen während des Cannings zu vermeiden. Ferner kann die isostatische Druckfestigkeit bei OPF's mit geringer Zelligkeit und Wandstärke zu gering sein. In diesem Fall kann das Substrat die auftretenden Belastungen durch die Lagerungsmatte nicht aufnehmen und kollabiert. Darüber hinaus sind Monolithen mit hohen Zelligkeiten und Wandstärken aufgrund des geringen freien Kanalquerschnittes sehr schwer zu fertigen. Dabei ist vor allem die Fertigung des Werkzeugs sowie dessen Toleranz problematisch.

5 Schnellveraschung

Im kundenrelevanten Fahrbetrieb wird sich mit zunehmender Laufleistung des Fahrzeugs Asche im Ottopartikelfilter ablagern deren Menge primär vom Ölverbrauch des Aggregats abhängig ist. Gemäß Kapitel 2.4 sind auch weitere Aschequellen bekannt, jedoch stellt der oben beschriebene Parameter den Haupteinfluss dar.

Um im Zuge dieser Arbeit die Auswirkungen einer definierten Aschebeladung auf das Betriebsverhalten des Ottopartikelfilters zu ermitteln, bedarf es eines Schnellveraschungsverfahrens. Dauerlauftests, welche im Freien stattfinden, können aufgrund schwankender Umgebungsbedingungen nicht für ein solches Verfahren verwendet werden. Darüber hinaus erfordert die hohe Laufzeit solcher Dauerlauftest ein gerafftes Verfahren.

Aus den oben genannten Gründen wird ein Schnellveraschungsverfahren benötigt, welches kosten- und zeitoptimiert eine hohe Menge an Asche produziert. Infolge dieser Zeitraffung kann eine Vielzahl an Ottopartikelfiltern auf ihr Ascheeinlagerungsverhalten untersucht werden.

Der im ersten Teilkapitel beschriebene Stand der Technik gibt einen Aufschluss über derzeit bekannte Schnellveraschungsverfahren am Dieselmotor und am Ottomotor.

5.1 Schnellveraschungsverfahren – Stand der Technik

Ein Unterscheidungsmerkmal von Schnellveraschungsverfahren ist anhand der simulierbaren Anzahl der in Kapitel 2.4 erwähnten Aschequellen auszumachen. Ein Großteil der Schnellveraschungsverfahren basiert auf der Ölverbrennung im Zylinder gemäß dem Reverse-Blow-By Ölverbrauchspfad. Nur wenige Schnellveraschungsverfahren berücksichtigen auch weitere Ölverbrauchswege, wie z.B. der Kurbelgehäuseentlüftung und des Abgasturboladers.

Die Mehrzahl der existenten Schnellveraschungsverfahren bezieht sich auf den Dieselpartikelfilter. Nur wenige betrachten den Ottopartikelfilter.

Harris et al. nutzen in ihrem Schnellveraschungsverfahren die Ölverbrennung im Zylinder eines John Deere 9.0 l Aggregats. In einem ersten Testabschnitt wird bei zwei Dieselpartikelfiltern zur Aschebeladung 1,5 gew.-% bzw. 1,0 gew.-% CJ-4 Öl dem Kraftstoff beigemischt, welches einen Aschegehalt von 1,0 gew.-% aufweist. Am ersten DPF wird ab der Hälfte der Testzeit das Mischungsverhältnis von 1,5 gew.-% auf 1,0 gew.-% Öl verringert, woraufhin für den zweiten DPF ein Mischungsverhältnis von 1,0 gew.-% verwendet wird. Die Rußoxidation erfolgt durch Einleitung einer aktiven Regenerationsphase alle 25 Minuten. Eine spezielle Wiegevorrichtung ermöglicht das mehrmalige Wiegen der DPF's während des Tests. Mit sinkendem Mischungsverhältnis von Öl zu Kraftstoff steigt die Filtrationsrate für Aschepartikel was eine Abhängigkeit vom Ruß zu Asche-Verhältnis vermuten lässt. Mit zunehmender Rußmasse liefert dieser einen signifikanten Beitrag zur Steigerung der Filtrationseffizienz. In einer zweiten Testabfolge wird der 9.0 l Motor auf die neuen Testbedingungen abgepasst und es wird ein zweites Aggregat, ein 13.5 l John Deere Motor, verwendet. (54)

Während eines ersten Testabschnittes wird am kleinen Aggregat die Last erhöht und die Asche in Form eines Wandfilms abgelagert. Die Ursache für dieses Depositionsmuster liefert das abgesenkte Ruß zu Asche-Verhältnis. (54)

© Springer Fachmedien Wiesbaden GmbH, ein Teil von Springer Nature 2018
D. Nowak, *Ruß- und Aschedeposition in Ottopartikelfiltern*,
AutoUni – Schriftenreihe 115, https://doi.org/10.1007/978-3-658-21258-2_5

Eine Aschestopfenbildung wird durch Anhebung des Ruß zu Asche-Verhältnisses am zweiten Aggregat beobachtet. Das Ergebnis lässt nach Harris et al. vermuten, dass die Regeneration geringer Rußmengen weniger Asche remobilisiert und somit zum Kanalende strömen lässt. (54)

Ein weiteres Schnellveraschungsverfahren führen Zarvalis et al. an, welches auf der Ölverbrennung basiert. Es kommt ein Thermoreaktor zum Einsatz, welcher aus einem Edelstahlrohr mit 25 mm Innendurchmesser und einer Länge von 1 m besteht. Das Rohr ist in 6 Zonen aufgeteilt, welche unabhängig voneinander beheizt werden können. Ein eigens entwickelter Injektor ermöglicht das Einspritzen einer Mischung aus Öl und Dieselkraftstoff mit einem mittleren Tropfendurchmesser von 3 bis 4 µm. Am Rohrende ist ein Filterhalter angebracht, welcher die zu testende Filterprobe hält. Verwendet wird ein SELENIA Motoröl der Viskosität 10W-40 mit einem Aschegehalt von 0,95 gew.-% und enthaltenem Calcium, Phosphor, Zink und Schwefel. Es werden zwei Mischungsverhältnisse getestet. Diese sind 50 % Diesel und 50 % Öl sowie 75 % Diesel und 25 % Öl. (55)

Während der Tests wird die Temperatur der ersten drei Rohrzonen auf 500 °C und die der letzten drei Zonen auf 700 °C geregelt. Der Trägergasvolumenstrom beträgt 4 dm³/min was einer Filtrationsgeschwindigkeit von 17 cm/s entspricht. Es werden keine Unterschiede bezüglich Packungsdichte und Permeabilität der Asche bei Variation unbeschichteter DPF-Materialien beobachtet. Die kugelförmig aufgebauten Aschepartikel weisen einen mittleren Durchmesser von 1,3 µm auf. Als Vergleich weisen motorisch produzierte Aschepartikel aufgrund von Sintervorgängen während der DPF-Regeneration bei einem mittleren Durchmesser von 2 µm keine Kugelform auf. Das Ascheablagerungsbild zeigt darüber hinaus keine Abhängigkeit vom Mischungsverhältnis des Öl-Kraftstoffgemischs. Parallel zu einer Rußeinlagerung weist eine Ascheeinlagerung einen gewissen Tiefenfiltrationseffekt auf, welcher bei einer Beladung von 3 bis 4 g/m² endet. Trotz nicht ausgeprägter morphologischer Synergien beider Aschetypen (Thermoreaktor und Motor) sind die Produkte aus Aschepackungsdichte- und Permeabilität nahezu identisch. (55)

Ein weiteres Beispiel für den Ölverbrauchspfad im Zylinder liefert das Schnellveraschungsverfahren nach Youngquist et al., welches sich eines 1-Zylinder-Dieselmotors mit 517 cm³ Hubraum der Firma Hatz bedient. Parallel zur Schnellveraschung, mit Zumischung von 5 % Öl zum Kraftstoff, beinhaltet dieses Verfahren auch die Rußbeladung sowie dessen Oxidation und den Wiegeprozess. Zur aktiven Regeneration wird Dieselkraftstoff eingespritzt und mittels eines auf 375 °C beheizten Elements verdampft und mit Zugabe von Förderluft im Dieseloxidationskatalysator oxidiert. Diese exotherme Wärmeentstehung wird zur Regeneration des Dieselpartikelfilters, eingeleitet über ein Differenzdruckkriterium, genutzt. Das Schnellveraschungsverfahren zeigt die unterschiedlichen Auswirkungen einer Aschedeposition auf fünf unterschiedliche DPF's. (56)

Die Tests umfassen Dieselpartikelfilter aus Cordierit (mit geringer und hoher Washcoatmenge), Mullit (unbeschichtet und mit hoher Washcoatbeladung) und Siliziumkarbid (unbeschichtet). Die Filterdimensionen betragen 3 Zoll im Durchmesser und 6 Zoll in der Länge. (56)

Partikelfilter aus Cordierit mit geringer Washcoatbeladung zeigen ein Ascheablagerungsbild, welches durch eine mit zunehmender Kanallänge immer dicker werdende Ascheschicht gekennzeichnet ist. Mit zunehmender Beschichtungsmenge befindet sich aufgrund der immer glatteren und weniger zerklüfteten Wandoberfläche mehr Asche im hinteren Bereich des DPF's wobei das Kanalende immer durch einen Aschestopfen verschlossen ist. (56)

Die Aschepartikel sind überwiegend größer als die Poren in der Wand und es findet keine Wandpenetration statt. Dieselpartikelfilter aus Mullit zeichnen sich durch eine nahezu konstante Ascheablagerungsdicke mit hoher Porosität, Permeabilität und geringer Beeinflussung des Differenzdrucks aus. Eine Beschichtung des DPF's beeinflusst das Ablagerungsmuster nicht. Während der Rußoxidation werden Aschepartikel remobilisiert und in der Mitte des Einlasskanalstopfens abgelagert. Dieselpartikelfilter aus Siliziumkarbid ohne Beschichtung weisen ähnliche Ascheablagerungsmuster wie DPF's aus Cordierit auf. Das Schnellveraschungsverfahren zeigt eine über alle Dieselpartikelfilter nahezu identische Aschemorphologie, woraus sich die hohe Reproduzierbarkeit ableiten lässt. (56)

Ein Schnellveraschungsverfahren, welches unterschiedliche Ölverbrauchspfade berücksichtigt wurde von Sappok et al. entwickelt. Es kann eine Ölverbrennung im Zylinder, ein flüchtiger Ölverlust durch die Kurbelgehäuseentlüftung sowie ein flüssiger Ölverlust, wie z.B. eine Leckage am Turbolader, simuliert werden. Die Ölverbrennung im Zylinder wird durch einen industriellen Dieselbrenner, der mit Dieselkraftstoff (Schwefel < 15 ppm) betrieben wird, realisiert. Zu diesem Zweck wird entweder der Kraftstoff mit Öl dotiert oder eine Öleinspritzung mittels eines luftunterstützten Injektors ermöglicht. Zur Simulation von Ascheablagerungen infolge von Ölverdampfungsverlusten aus der Kurbelgehäuseentlüftung wird ein definierter Ölmassenstrom in einem Thermoreaktor verdampft und im Dieselbrenner verbrannt. Eine Leckage an der Turbine des Abgasturboladers wird durch Einspritzung von flüssigem Öl in die Abgasanlage mittels eines luftunterstützten Injektors stromabwärts des Dieselbrenners realisiert. Es wird ein CJ-4 Motoröl der Viskosität 15W-40 verwendet. Das Motoröl weist ein Aschegehalt von 1,0 % auf. (57)

Ein Abgaswärmetauscher stromabwärts des Dieselbrenners und Ölinjektors sorgt für eine von den Betriebsparametern des Dieselbrenners unabhängige Abgastemperatur. Diese Variabilität wird ebenfalls für die Regeneration des Dieselpartikelfilters genutzt. Zur Sicherstellung einer realistischen Abgaszusammensetzung kann zwischen dem Dieselbrenner und Abgaswärmetauscher das Abgas eines Cummins ISB 300 Aggregats eingeleitet werden. Das Aggregat wird mit demselben Kraftstoff wie der Dieselbrenner betrieben. Nach der Abgaszusammenführung tritt das Abgas in die Teststrecke ein. Abb. 5.1 stellt den Versuchsaufbau schematisch dar. (57)

Die Ergebnisse basieren auf Untersuchungen zur Öleinbringungsart in den Dieselbrenner. Durch eine Öldotierung des Kraftstoffes steigen die Rußemissionen, verglichen mit der Öleinspritzung, um den Faktor 2 an und das Ruß zu Asche-Verhältnis steigt. Es wird eine während des Aschebildungsprozesses gesteigerte Konvertierungsrate von Schwefel zu Sulfat beobachtet. Im Gegensatz dazu weisen die generierten Aschepartikel infolge Öleinspritzung den größten Anteil an organisch löslichen Bestandteilen auf. Sie neigen zum gegenseitigen Verkleben. (57)

Gemäß Sappok et al. sind Aschepartikel aus der Schnellveraschung nahezu doppelt so groß wie jene aus einem Fahrzeug. Die Öleinspritzung führt weiterhin zu leicht vergrößerten Partikeln als die Öldotierung des Kraftstoffs. Im realen Fahrbetrieb erzeugte Asche lagert sich eher kettenförmig ab, wohingegen sich die Asche aus der Schnellveraschung in Form von Clustern ablagert. Die Erzeugungsart der Asche zeigt einen nur geringen Einfluss auf die Rußpartikelgrößenverteilung wodurch die Rußeinlagerung im DPF unbeeinflusst bleibt. Untersuchungen zur Aschemorphologie zeigen, dass in jeder Ascheablagerung sphärische Calciumpartikel auffindbar sind und diese in der Schnellveraschung kleiner sind als im Fahrzeug was anhand unterschiedlicher Calciumkonzentrationen im Schmiermittel erklärt wird. (57)

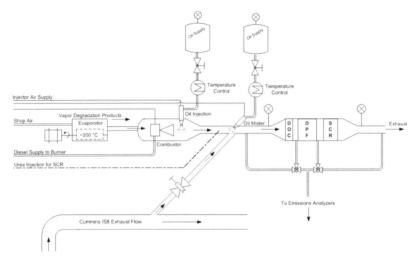

Abb. 5.1:   Versuchsaufbau Schnellveraschung Sappok et al. (57)

Jorgensen beschreibt ein Schnellveraschungsverfahren für Ottopartikelfilter, welches auf die
Ölverbrennung im Zylinder abzielt. Zu diesem Zweck wird analog zu Sappok et al. ein ähnlicher Brenner mit neu konstruierter Verbrennungskammer und angeschweißtem Rohr verwendet. Dieses Rohr trägt an seinem Umfang im Abstand von je 120 ° zueinander drei Zündkerzen,
welche für die Zündung des mit einem Injektor eingespritzten Ottokraftstoffes zuständig sind.
Das entzündete Gemisch tritt in die Verbrennungskammer ein, an dessen Wandung ein luftun-
terstützter Öl-Injektor angebracht ist. Durch Einspritzung von Öl in die Strömung wird eine
hohe Durchmischung von Öl und Luft sichergestellt. Das Öl wird dem Injektor über einen Wärmetauscher mit definierter Temperatur zugeführt. (58)

Zur Regelung der Betriebstemperatur des Ottopartikelfilters kann ein gewisser Abgasmassenstrom durch einen stromabwärts der Verbrennungskammer befindlichen Wärmetauscher geleitet werden. Die Rußoxidation im OPF wird mittels einer definierten Frischluftzuleitung realisiert. (58)

Darüber hinaus ist der Aufbau dieses Schnellveraschungssystems mit dem Abgassystem eines
1,6 l Ford EcoBoost Motors verbunden, dessen Abgas stromaufwärts des Ottopartikelfilters
eingeleitet werden kann. Zur Regelung des Abgasgegendrucks nach OPF wird ein weiteres
Ventil verwendet. Stromabwärts dieses Ventils befindet sich das Zentrifugalgebläse, welches
die Durchströmung des gesamten Systems ermöglicht. Dieses System ist in Abb. 5.2 dargestellt.
(58)

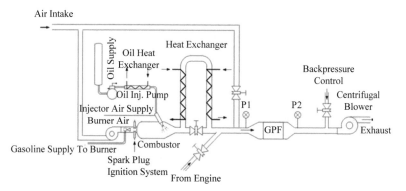

Abb. 5.2: Versuchsaufbau Schnellveraschung Jorgensen, angepasst (58)

Mittels der Temperatur nach Wärmetauscher sowie am Ein- und Austritt des Ottopartikelfilters kann der Betrieb des OPF's geregelt und der Fortschritt der Rußoxidation beurteilt werden. Die Messung des statischen Drucks stromauf- und stromabwärts des OPF's ermöglicht die Aufzeichnung des Differenzdrucks. Zur Beurteilung der Betriebsbedingungen des OPF's wird das Verbrennungsluftverhältnis mittels einer Lambdasonde gemessen. Der Ölverbrauch des Systems wird anhand des gemessenen Ölvolumenstroms ermittelt. (58)

Die auf die Weise veraschten Bauteile weisen eine Länge von 5,5 Zoll bei 4,66 Zoll Durchmesser sowie eine Zelligkeit von 220 CPSI auf. Die aus Cordierit gefertigten OPF's besitzen ein Volumen von 1,5 dm³. Ein üblicher Veraschungslauf nimmt eine Zykluszeit von 4 Stunden in Anspruch. Dabei entfallen 30 Minuten auf die Rußregenerationsperiode bei 650 °C sowie 3,5 Stunden Aschebeladungsbetrieb bei einer Abgastemperatur von 400 °C. Bei einem Volumenstrom von 35 SCFM wird eine Veraschungsleistung von 0,3 g/h erreicht. (58)

5.2 Prüfstandsaufbau und Versuchsdurchführung

Im Rahmen dieser Arbeit wird ein selbst entwickeltes Schnellveraschungsverfahren vorgestellt. Gemäß Kapitel 2.4 wird der Ölverbrennung im Zylinder, verursacht durch den Reverse-Blow-By Ölverbrauchspfad, der größte Ölverbrauchsanteil zugesprochen. Darüber hinaus bedienen sich viele bekannte Schnellveraschungsverfahren der Ölverbrennung im Zylinder ohne dieses im Zylinder unter realistischen Bedingungen verbrennen zu lassen. Zur Beschleunigung des Ascheeinlagerungsprozesses wird bei diesem Verfahren der natürliche Ölverbrauchspfad des Reverse Blow-By's verstärkt. Die Verstärkung eines natürlichen Ölverbrauchspfades legt die Annahme realistischer Ascheablagerungen nahe.

Jegliche Triebwerksmanipulation zieht synthetische Ascheablagerungen mit sich. Ein objektiver Vergleich bezüglich des Betriebsverhaltens bei Ascheakkumulation von unterschiedlichen OPF's lässt sich jedoch nur unter Verwendung eines reproduzierbaren Veraschungsverfahrens realisieren. Im Weiteren wird auf den Prüfstandsaufbau und die Versuchsdurchführung eingegangen.

Prüfstandsaufbau

Zur Realisierung des Schnellveraschungsverfahrens wird ein Vierzylinder Ottomotor mit Direkteinspritzung und Abgasturboaufladung verwendet. Das Aggregat liefert eine maximale effektive Leistung von 90 kW.

Zur Steigerung des Ölverbrauchs über den Reverse-Blow-By Ölverbrauchspfad im Zylinder wird bei allen vier Zylindern der zweite Kolbenring entfernt. Dieser Ring ist als Minutenring ausgeführt und sorgt für die Abdichtung des Verbrennungsdrucks gegenüber dem Kurbelgehäuse sowie für das Abstreifen des Ölfilms an der Zylinderwand. Zur Steigerung der Ascheemissionen wird ein aschehaltiges Motoröl verwendet. Das Motoröl weist eine Viskosität von 0W-40 und ein Aschegehalt von 2,01 gew.-% auf. Der Phosphorgehalt im Motoröl beträgt 5900 ppm, der Calciumgehalt beträgt 3140 ppm und der Zinkgehalt beträgt 6530 ppm. Über den Aschegehalt lässt sich bei identischer Wiederfindungsrate ein Rafffaktor von ca. 3,4 generieren.

Das Aggregat ist am Motorprüfstand mechanisch an eine Leistungsbremse vom Typ LI 350 der Firma Horiba angebunden. Die maximal zu bremsende Leistung der Asynchronmaschine beträgt 350 kW und das maximale Drehmoment beträgt 750 Nm. Am Motorprüfstand ist keine Sondermesstechnik vorhanden. (59)

Abb. 5.3 zeigt den Motorprüfstand mit Aggregat und Aufbau ohne Ottopartikelfilter.

Abb. 5.3:   Versuchsaufbau Schnellveraschung

Es werden nur Temperaturen und Drücke, welche für den Motorbetrieb unverzichtbar sind, gemessen und überwacht. Dies macht den Prüfstand flexibel, sodass der Versuchsaufbau schnell montiert werden kann. Als Abgasanlage wird eine Versuchsabgasanlage verwendet, welche stromabwärts des Abgasturboladers nur gerade Rohrleitungen aufweist. Stromabwärts des Ottopartikelfilters verlaufen die Abgasrohre in mehreren Bögen in Richtung der Abgasabsaugung. Zusammen mit den Ottopartikelfiltern, welche zentrische Trichter besitzen, sorgt dieser Aufbau für konstant gleichmäßige Anströmbedingungen des Monolithen. Dieser standardisierte Aufbau des Ottopartikelfilters ermöglicht einen sehr reproduzierbaren Wiegeprozess. Prüfstandsfest montierte Messstellen erleichtern die Handhabung der Bauteile.

Versuchsdurchführung

Unter Zuhilfenahme eines standardisierten Beladungsverfahrens soll sichergestellt werden, dass sämtliche Ottopartikelfilter unter möglichst ähnlichen Randbedingungen mit Asche beladen werden. Vor dem Start der Aschebeladung werden alle Ottopartikelfilter für 2 Stunden bei 650 °C im Ofen regeneriert und noch im heißen Zustand gewogen, um eine Wasserkondensation im OPF zu vermeiden.

Dazu steht ein Umluftofen des Herstellers Thermconcept vom Typ KU270/07/A 3608 zur Verfügung, welcher Innentemperaturen von bis zu 750 °C ermöglicht (60). Zur anschließenden Wiegung der OPF's wird eine Feinmesswaage der Firma Satorius vom Typ LA16001S verwendet. Der Messbereich der Waage reicht bis 16000 g. Mit einer Ablesegenauigkeit von 0,1 g, einer Reproduzierbarkeit von bis zu +/- 0,05 g und einer Linearitätsabweichung von bis zu +/- 0,2 besitzt sie eine ausreichende Genauigkeit zum Wiegen von Aschebeladungen. Der Wiegefehler, welcher durch den Auftrieb eines heißen Bauteils entsteht, ist in diesem Zusammenhang als klein zu bewerten. Unter der Annahme, ein Monolith mit 4,662 Zoll Durchmesser und 6,00 Zoll Länge wäre vollständig mit 650 °C heißer Luft gefüllt, führt dies zu einem Auftrieb von 1,2 g im Vergleich zu einer Lufttemperatur von 25 °C. Die konstanten Mantelblechtemperaturen, gemessen mit einem Infrarotthermometer, von 470 °C bis 550 °C während der Wiegung erzeugen einen nur sehr kleinen Wiegefehler von maximal 0,15 g. Im Anschluss an die Wiegeprozedur wird der Partikelfilter verascht. Dazu wird das Aggregat für 4 Stunden in zwei unterschiedlichen Betriebspunkten betrieben. (61)

Der erste Betriebspunkt weist eine Motordrehzahl von 5500 1/min im Volllastbetrieb auf, wohingegen der zweite Betriebspunkt eine Drehzahl von 4500 1/min und ein effektives Motordrehmoment von 40 Nm aufweist.

Der erste Betriebspunkt dient dazu, infolge der hohen Last und Drehzahl, viel Motoröl zu verbrennen und Asche in den Ottopartikelfilter einzulagern. Der zweite Betriebspunkt dient der Laufzeitverlängerung des Aggregats. Nach Beendigung des Prüfprogramms wird das Motoröl für 30 Minuten abgelassen und nach der Demontage und Wiegung des OPF's gewogen. Anhand der abgelassenen Ölmasse kann der Ölverbrauch ermittelt werden. Die Motorölmenge wird nach jeder Wiegung auf eine Gesamtmasse von 3500 g korrigiert und wieder eingefüllt. Nach der Wiegung wird der Ottopartikelfilter für 2 h bei 650 °C im Ofen regeneriert und im Anschluss daran gewogen. Die vorangegangene Wiegung dient der Sicherheit und Überwachung des Gewichtes zur lückenlosen Dokumentation. Die Dauer des Prüfprogramms wird so gewählt, dass jederzeit ein Betrieb mit ausreichend Motoröl gewährleistet ist und ein Motorschaden vermieden werden kann. Anhand der gewünschten Aschemasse im Ottopartikelfilter wird das oben beschriebene Verfahren, auch mit Variation der Dauer des Prüfprogramms, beliebig oft wiederholt.

5.3   Veraschungsleistung des Verfahrens

Während der Schnellveraschung sämtlicher Ottopartikelfilter weist der Motor einen mittleren Ölverbrauch von 130 g/h bis 160 g/h auf. Anhand der Messdaten der OPF-Wiegung wird in einer Stunde Motorbetrieb eine Aschemasse von 2,6 g bis 3,2 g eingelagert. Unter Berücksichtigung aktueller Ölverbrauchswerte und Aschegehalte von Serienmotoren wird erwartet, dass sich über eine Dauerlaufdistanz von 160000 km eine Aschemasse von ca. 60 g im OPF einlagert, wofür ein reiner Motorbetrieb von 18,75 bis 23 Stunden notwendig wäre. Werden die Abläufe der Montage und Demontage des Versuchsteils sowie dessen Regeneration, der Wiegung und der Ölauswaage berücksichtigt, so wird innerhalb von 3 Tagen eine Aschemasse von 60 g im Ottopartikelfilter eingelagert. Um eine Dauerlaufdistanz von 160000 km zu absolvieren benötigt ein Fahrzeugdauerlauf ca. 80 Tage. Der rein zeitliche Rafffaktor des Schnellveraschungsverfahrens beträgt 26. Mit diesem Rafffaktor geht eine erhebliche Zeit- und Kostenersparnis einher.

6 Betriebsverhalten von Ottopartikelfiltern bei Ruß- und Aschedeposition

Dieses Kapitel behandelt die Auswirkungen von Asche- und Rußeinlagerung auf unbeschichtete und beschichtete Ottopartikelfilter. In Kapitel 6.1 wird der sogenannte Einlaufeffekt, welcher die erste thermische Beanspruchung des Ottopartikelfilters beschreibt, untersucht. Kapitel 6.2 beschreibt das Betriebsverhalten unbeschichteter OPF's infolge von Aschedepositionen und befasst sich mit der Herleitung einer Gleichung zur Berechnung der Wandpermeabilität. In Kapitel 6.3 werden die Auswirkungen geringster Rußmengen mit und ohne Ascheakkumulation auf das Betriebsverhalten unterschiedlich beschichteter Ottopartikelfilter aufgezeigt.

6.1 Differenzdruckverhalten im Frischzustand

In diesem Kapitel wird das Verhalten von beschichteten Ottopartikelfiltern thematisiert. Nach dem Beschichtungsvorgang werden diese Bauteile bei definierter Temperatur calciniert und es entstehen Risse im Washcoat. Durch die nachfolgenden Untersuchungen soll geklärt werden ob bei thermischen Belastungen diese Risse im Hinblick auf das Betriebsverhalten des unveraschten Bauteils verändert werden. Dazu werden mittels des in Kapitel 3.6 erwähnten Prüfstands unterschiedliche Washcoattechnologien- sowie -beladungen untersucht.

6.1.1 Substrate mit Washcoatbeschichtung auf der Filterwand

Im Vorfeld zu den Untersuchungen wurde bereits erwartet, dass sich diese Washcoatrisse besonders auf das Betriebsverhalten hoch beschichteter Ottopartikelfilter auswirken. Diesbezüglich werden drei nominell identische OPF's mit hoher und ein OPF mit niedriger Washcoatbeladung untersucht. Die Bauteile sind wie folgt spezifiziert:

- Der hoch beschichtete OPF weist eine Substratlänge von 4,50 Zoll, einen Substratdurchmesser von 4,662 Zoll bei einer Zelligkeit von 300 CPSI und 8 mil Wandstärke auf. Die Beschichtung wird homogen mit einer Menge von 150 g/l in den Ein- und Auslasskanal zu identischen Längen aufgebracht, sodass sich die Beschichtungsfronten in der Mitte des OPF's treffen. Unter Verwendung einer Washcoatdichte von 1200 kg/m³ ergibt sich eine Beschichtungsdicke von 117 µm.
- Der niedrig beschichtete Ottopartikelfilter weist eine identische Geometrie zum hoch beschichteten OPF auf. Der Washcoat ist analog zum hoch beschichteten Bauteil mit einer Menge von 50 g/l aufgebracht. Hieraus resultiert eine Beschichtungsdicke von 36 µm.

Der Differenzdruck sowie die Filtrationseffizienz des ersten hoch beschichteten Ottopartikelfilters im frischen Zustand ist in Abb. 6.1 dargestellt. Die Untersuchungshistorie der untersuchten Ottopartikelfilter in diesem Unterkapitel und aus Kapitel 6.1.2 ist im Anhang anhand von Tabelle A.1 dargestellt.

© Springer Fachmedien Wiesbaden GmbH, ein Teil von Springer Nature 2018
D. Nowak, *Ruß- und Aschedeposition in Ottopartikelfiltern*,
AutoUni – Schriftenreihe 115, https://doi.org/10.1007/978-3-658-21258-2_6

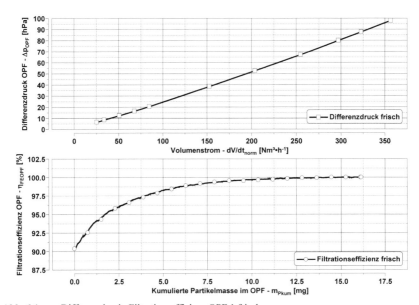

Abb. 6.1:   Differenzdruck, Filtrationseffizienz OPF 1 frisch

Abb. 6.1 zeigt eine lineare Differenzdruckzunahme mit steigendem Normvolumenstrom. Die lineare Differenzdruckzunahme folgt aus der laminaren Strömungsform im OPF. Die Filtrationsrate ist im frischen Zustand mit 90 % sehr hoch und nimmt bei 10 mg Rußmasse auf nahezu 100 % zu. Der dicke und feinporige Washcoat leistet einen signifikanten Beitrag zur Filtrationseffizienz. Im Anschluss an diese beiden Messungen wird der Ottopartikelfilter für 12 Stunden bei 650 °C in einem Ofen mit Frischluftzufuhr regeneriert, um den eingelagerten Ruß des Filtrationseffizienztests zu oxidieren. Danach schließt sich eine Thermoschock-Testprozedur an (62). Der Test wird bei einer Temperatur von 700 °C nach 60 Zyklen beendet. Im Anschluss daran werden der Differenzdruck und die Filtrationseffizienz gemessen, welche anhand von Abb. 6.2 dargestellt sind.

Das obere Diagramm in Abb. 6.2 beschreibt den Differenzdruck im frischen und im gealterten Zustand. Es ist zu erkennen, dass nach der thermischen Alterung mittels Thermoschock eine Differenzdruckabnahme um Faktor 2 eintritt. Bedingt durch unterschiedliche thermische Ausdehnungskoeffizienten von Substrat und Washcoat wird die Rissvergrößerung begünstigt. Ferner hängt der Rissprozess der Beschichtung auch mit fortschreitender Trocknung des Washcoats zusammen wie es bereits für SCR-Beschichtungen berichtet wird. Dieser Prozess weist eine hohe Abhängigkeit von der Elementformulierung des Washcoats im Herstellprozess auf. (4)

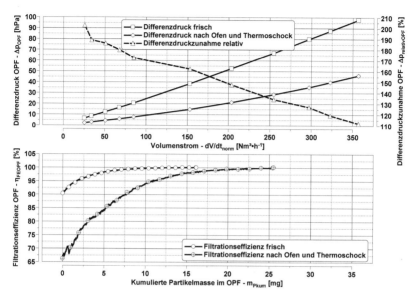

Abb. 6.2: Differenzdruck, Filtrationseffizienz OPF 1 frisch u. gealtert

Infolge der dicken Washcoatschicht weist die Beschichtung einen signifikanten Differenz-druckanteil auf. Eine Rissvergrößerung der Beschichtung wirkt sich enorm auf die resultierende Permeabilität aus Wand und Beschichtung aus, was die drastische Differenzdrucksenkung vom frischen zum gealterten Zustand mittels Thermoschock erklärt. Der Graph mit Dreiecks-Mar-kern stellt die prozentuale Differenzdruckzunahme im Frischzustand gegenüber dem gealterten Zustand dar. Bei steigendem Volumenstrom sinkt die Differenzdruckzunahme von 200 % auf 110 %. Wie es die CFD-Simulation in Kapitel 4 beschreibt nimmt mit steigendem Volumen-strom der relative Anteil des Wanddruckverlusts am Gesamtdruckverlust ab. Die Rissvergrö-ßerung beeinflusst nur die Permeabilität und den Wanddruckverlust, wodurch die Abnahme der Differenzdruckzunahme zu erklären ist. Analog zum Differenzdruck sinkt die Filtrationseffizi-enz. Sie beträgt im frischen Zustand ca. 65 % und steigt wesentlich langsamer mit zunehmender Rußbeladung als im frischen Zustand. Dieses Verhalten findet seinen Ursprung aus einem er-höhten Porenvolumen, durch Rissvergrößerung der Beschichtung, wodurch die frische Filtrati-onsrate sinkt und höhere Rußmengen eingelagert werden müssen um äquivalente Filtrationsra-ten zu einem frischen OPF und einer frischen Beschichtung zu erhalten.

Um einen weiteren Vergleich zwischen den verschiedenen OPF's herzustellen, wird im letzten Schritt nach erfolgter thermischer Alterung das Differenzdruckverhalten infolge verschiedener Rußbeladungen untersucht. Dieser Ruß wird über einen Rußgenerator in das Bauteil einge-bracht. Die Ergebnisse von OPF 1 sind in Abb. 6.3 aufgezeigt.

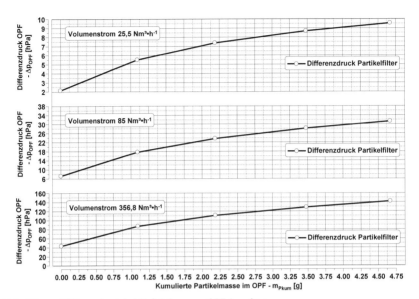

Abb. 6.3:   Differenzdruck bei Rußeinlagerung OPF 1 gealtert

Auf den drei gezeigten Diagrammen in Abb. 6.3 ist die Veränderung des Differenzdrucks des Bauteils über der eingelagerten Rußmasse zu erkennen. Das obere Diagramm zeigt das Verhalten für einen Normvolumenstrom von 25,5 Nm³/h und das mittlere für 85 Nm³/h woraufhin das untere Diagramm dieses Verhalten für den höchsten Normvolumenstrom, in diesem Fall 356,8 Nm³/h darstellt. Gemäß allen Diagrammen ist eine starke Differenzdruckänderung bis zu einer Rußmasse von 1 g feststellbar. Dies ist auf den sogenannten Tiefenfiltrationseffekt zurückzuführen. Die Rußpartikel lagern sich im Inneren der Substratwand ab. Dies äußert sich in einem sehr hohen Differenzdruckanstieg über der Rußbeladung. Ist die Substratwand mit Ruß gefüllt, lagert sich dieser auf der Wand ab, was in einem geringeren Differenzdruckanstieg resultiert.

Mit steigendem Volumenstrom nimmt weiterhin die relative Differenzdruckerhöhung von 0 g Ruß bis 4,6 g Ruß ab. Für 25,5 Nm³/h errechnet sich ein Erhöhungsfaktor von 4,46, für 85 Nm³/h ein Faktor von 4,32 und für den höchsten Volumenstrom ein Faktor von 3,24. Dieser Effekt ist dem Verhalten des sinkenden relativen Wanddruckverlusts mit steigendem Volumenstrom zuzuschreiben.

Zur Beweisführung der prognostizierten Rissvergrößerung infolge thermischer Beanspruchung wird eine optische Analyse der Washcoatoberfläche mittels Rasterelektronenmikroskopie durchgeführt.

Dabei wird die Topographie der Washcoatoberfläche im Inneren eines untersuchten Ottopartikelfilters mit der eines frischen Bauteils mit identischer Spezifikation verglichen. Die Vergrößerung der Mikroskopie wird mit einem Faktor von 559 ausreichend klein gewählt um eine entsprechend große Washcoatoberfläche mit hoher Anzahl an Rissen untersuchen zu können. Die Originalaufnahme und Analyseaufnahme der Washcoatoberfläche eines frischen OPF's werden durch Abb. 6.4 und Abb. 6.5 dargestellt.

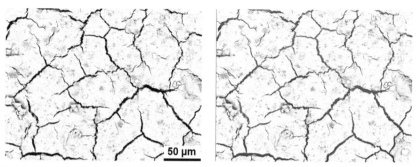

Abb. 6.4: Washcoattopographie OPF frisch   **Abb. 6.5:** Washcoattopographie OPF frisch
REM standard   REM analyse

Abb. 6.4 zeigt die Washcoatoberfläche mit nach dem Calcinierprozess entstandenen Rissen (dunkle Bildfläche). Mittels einer Kontrastanalyse wird die Fläche der dunklen Bildbereiche, welche rot eingefärbt und gemäß der Analyseaufnahme (Abb. 6.5) dargestellt werden, ermittelt. Dies ergibt einen relativen Rissflächenanteil von 8,45 %.

Abb. 6.6 und Abb. 6.7 stellen die Mikroskopaufnahme des ersten thermisch gealterten Ottopartikelfilters (OPF 1) dar.

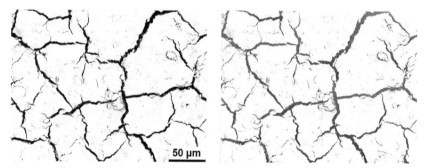

Abb. 6.6: Washcoattopographie OPF 1 gealtert   **Abb. 6.7:** Washcoattopographie OPF 1 gealtert
REM standard   REM analyse

Es wird anhand von Abb. 6.6 deutlich, dass die Risse in ihrer Spaltweite zugenommen haben und sehr kleine Risse deutlich reduziert sind. Die Analyse gemäß Abb. 6.7 ergibt einen Rissflächenanteil von 9,64 %. Dies entspricht einer Flächenzunahme von 14 %. Wird bei beiden Bauteilen eine identische kumulierte Länge aller Risse vorausgesetzt so nimmt auch die Rissweite um 14 % zu.

Der Anstieg der Rissfläche von 14 % vergrößert die resultierende Permeabilität des porösen Systems aus Substratwand und Beschichtung derart stark, dass eine Differenzdruckverringerung um den Faktor 2 bei hohen Volumenströmen eintritt.

Die Untersuchungen zeigen, dass bei der Thermoschockbeanspruchung eines hoch beschichteten Ottopartikelfilters die Rissfläche im Washcoat zunimmt und damit der Differenzdruck erheblich sinkt. Im weiteren Verlauf wird untersucht, ob eine Vielzahl an Thermoschockbeanspruchungen oder bereits ein einmaliger Aufheizprozess im Ofen bzw. der Betrieb am Ottomotor für eine Vergrößerung der Washcoatrisse verantwortlich sind.

Abb. 6.8 zeigt das Differenzdruck- und Filtrationsverhalten der Ottopartikelfilter, welche einen einmaligen Aufheizprozess im Ofen und einen Betrieb am Ottomotor durchlaufen haben.

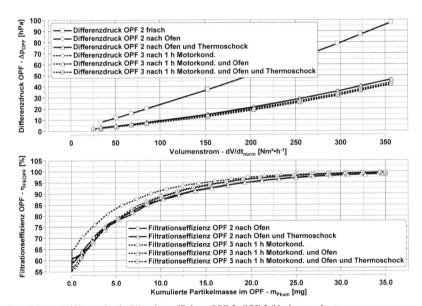

Abb. 6.8:   Differenzdruck, Filtrationseffizienz OPF 2, OPF 3 frisch u. gealtert

Das obere Diagramm lässt erkennen, dass der Differenzdruck im frischen Zustand vom zweiten Ottopartikelfilter gemäß Abb. 6.8 mit dem des ersten gemäß Abb. 6.2 übereinstimmt. Zum Schutz der Beschichtung vor einer exothermen Rußoxidation im darauffolgenden Aufheizprozess im Ofen wird auf die Filtrationsmessung mit Rußbeladung von OPF 2 verzichtet. Im Anschluss an die Differenzdruckmessung im Frischzustand wird das Bauteil für 12 Stunden bei 650 °C im Ofen thermisch gealtert.

Die darauffolgende Messung des Bauteils ergibt ein analoges Verhalten zum ersten OPF bezüglich Differenzdruck und Filtrationseffizienz. In diesem Fall ist davon auszugehen, dass nicht die Vielzahl der Thermoschockbeanspruchungen, sondern der einmalige Aufheizprozess im Ofen zu einer äquivalenten Vergrößerung der Risse im Washcoat analog zu OPF 1 führt. Eine weitere Thermoschockalterung dieses Bauteils bis zu einer Temperatur von 700 °C führt zu keiner Änderung des Betriebsverhaltens.

Diesem Verhalten liegt die Vermutung einer äquivalenten Washcoattopographie nahe, welche in Abb. 6.9 und Abb. 6.10 dargestellt ist.

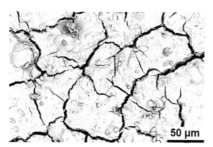

Abb. 6.9: Washcoattopographie OPF 2 gealtert REM standard

Abb. 6.10: Washcoattopographie OPF 2 gealtert REM analyse

Die Rissflächenanalyse ergibt für den zweiten Ottopartikelfilter einen Rissflächenanteil an der Washcoatoberfläche von 9,88 %. Dies entspricht einer Erhöhung der Rissfläche gegenüber dem frischen OPF von ca. 17 %. Die Analyse der Rissfläche ist bei den beiden obigen Abbildungen durch Partikel auf der Washcoatoberfläche mit einem geringen Fehler behaftet, da deren dunkle Schatten zu der Rissfläche addiert werden.

Beim dritten Ottopartikelfilter wird auf eine Messung des frischen Betriebsverhaltens verzichtet. Dieses Bauteil offenbart nach einer einstündigen Konditionier- und Betriebsphase am Ottomotor ein sehr ähnliches Verhalten verglichen mit OPF 1 und OPF 2. Bei hohen Volumenströmen ergibt sich gegenüber den anderen Bauteilen ein um 3 hPa bis 4 hPa reduzierter Differenzdruck. Dieser Effekt ist nicht zwangsläufig auf ein verändertes Washcoatrissverhalten zurückzuführen, sondern kann durch Prozessungenauigkeiten beim Beschichtungsprozess hervorgerufen werden. Wie Abb. 6.8 beim dritten Ottopartikelfilter veranschaulicht führt auch eine weitere Rußregeneration und eine anschließende Thermoschockalterung zu keiner weiteren Veränderung der Betriebsparameter, was anhand der Mikroskopaufnahmen der Washcoatoberflächen anhand von Abb. 6.11 und Abb. 6.12 erkennbar ist.

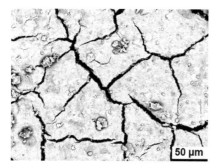
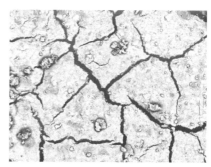
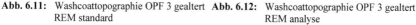

Abb. 6.11: Washcoattopographie OPF 3 gealtert REM standard

Abb. 6.12: Washcoattopographie OPF 3 gealtert REM analyse

Die Rissflächenanalyse offenbart mit 10,25 % relativer Rissfläche eine Erhöhung von 21 % gegenüber den frischen OPF's. Dieser Wert ist aufgrund von Partikeln auf der Beschichtungs-oberfläche mit einem geringen Fehler behaftet. Wenngleich nicht alle Bauteile eine identische Rissflächenerhöhung aufweisen so ist das Betriebsverhalten infolge dieses Effekts eindeutig. Der Vollständigkeit halber wird in Abb. 6.13 noch auf das Differenzdruckverhalten infolge Rußeinlagerung hingewiesen.

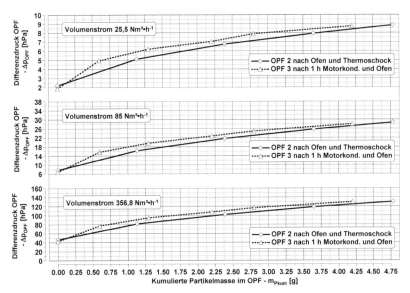

Abb. 6.13:   Differenzdruck bei Rußeinlagerung OPF 2, OPF 3 gealtert

Gemäß Abb. 6.13 decken sich die Ergebnisse, bis auf geringe Unterschiede, welche möglich-erweise dem Beschichtungsprozess zuzuschreiben sind, mit den Ergebnissen von OPF 1 gemäß Abb. 6.3. Die identischen Versuchsergebnisse bei unterschiedlichen Alterungszuständen von OPF 2 und OPF 3 in Abb. 6.13 verstärken die Vermutung, dass die Rissvergrößerung von einer einzigen Temperaturbeanspruchung abhängt.

Im weiteren Verlauf wird analog zur Prüfprozedur von OPF 2 ein Bauteil mit niedriger Be-schichtungsmenge hinsichtlich des Washcoatrissverhaltens untersucht. Die folgenden beiden Diagramme in Abb. 6.14 stellen das Differenzdruck- und Filtrationsverhalten dar.

Der vierte Ottopartikelfilter weist ein gegenüber den hoch beschichteten Bauteilen geringeres Differenzdruckniveau bei reduzierter Filtrationseffizienz auf. Die dünne Washcoatschicht führt zu einer Differenzdruckreduzierung gegenüber der hoch beschichteten Bauteile. Die leichte Re-duzierung der Porengröße durch Beschichtung führt zu einer Steigerung der lokalen Strömungs-geschwindigkeit in den Poren und einer Abnahme der Filtrationseffizienz im frischen Zustand. Eine zusätzliche thermische Alterung im Ofen sowie Thermoschockbeanspruchung beeinflusst das Betriebsverhalten nicht. Durch die niedrige Beschichtungsmenge und dem daraus resultie-renden hohen Porenvolumen benötigt dieser OPF höhere Rußbeladungen zur Erzeugung äqui-valenter Filtrationsraten verglichen mit hoch beschichteten Bauteilen

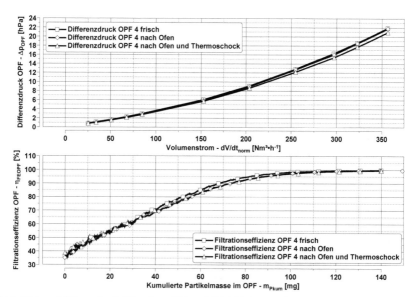

Abb. 6.14: Differenzdruck, Filtrationseffizienz OPF 4 frisch u. gealtert

Ferner lässt der starke Filtrationseffizienzanstieg mit zunehmender Rußbeladung einen stark ansteigenden Differenzdruck erwarten, welcher in Abb. 6.15 dargestellt wird.

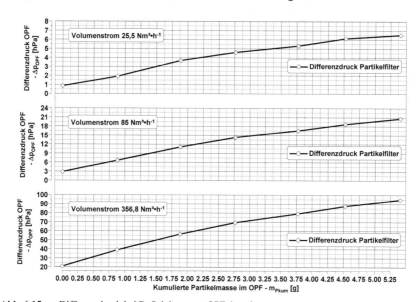

Abb. 6.15: Differenzdruck bei Rußeinlagerung OPF 4 gealtert

Im frischen Zustand ist der Differenzdruck von OPF 4 im Vergleich zum hoch beschichteten Ottopartikelfilter um Faktor 4,5 (Vergleich Abb. 6.14 zu Abb. 6.2) geringer wohingegen dieser bei 4,6 g Rußbeladung nur noch um 30 % niedriger ist. Weiterhin lässt sich, wie bereits in Kapitel 4.3, die steigende relative Differenzdruckänderung mit Rußbeladung bei fallendem Volumenstrom beobachten. Bei einer Rußbeladung von 4,6 g wird bei einem Volumenstrom von 25,5 Nm³/h eine Differenzdruckerhöhung um Faktor 7,31, bei 85 Nm³/h ein Faktor von 6,75 und bei einem Volumenstrom von 356,8 Nm³/h ein Faktor von 4,28 ermittelt. Es ergibt sich eine um 30 % bis 60 % höhere relative Differenzdrucksensibilität infolge Rußakkumulation im Vergleich zu hoch beschichteten OPF's. Hohe Grundpermeabilitäten werden durch Rußakkumulationen mit sehr geringer Permeabilität wesentlich stärker gesenkt als niedrige Grundpermeabilitäten. Diese Thematik wird in Kapitel 6.3 intensiver behandelt.

Eine Analyse der Washcoatrissfläche ist aufgrund der geringen Washcoatdicke und deren Penetration der Substratwand nicht möglich. Abb. 6.16 und Abb. 6.17 stellen die Washcoatoberfläche eines zu OPF 4 identischen niedrig beschichteten OPF's im frischen Zustand und von OPF 4 nach Alterung dar.

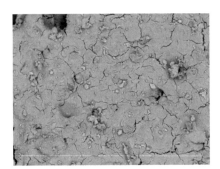
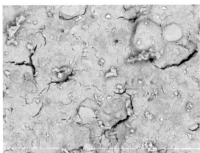

Abb. 6.16: Washcoattopographie OPF frisch,   **Abb. 6.17:** Washcoattopographie OPF 4 gealtert
identisch zu OPF 4

Die beiden Abbildungen werden an einer Stelle im Kanal aufgenommen, an welcher sich eine durchgehende Washcoatschicht auf der Substratwand ausgebildet hat. Aus beiden Abbildungen geht hervor, dass sich die Washcoattopographie des thermisch gealterten Bauteils nicht signifikant von der des frischen Bauteils unterscheidet. Die Washcoatschicht des gealterten Bauteils enthält weniger kleine und dafür vereinzelt größere Risse als das frische Bauteil. Weiterhin ist der Differenzdruckanteil der geringen Beschichtungsmenge deutlich geringer als bei hohen Beschichtungsmengen. Aus diesem Grund würde eine Rissvergrößerung dieser Beschichtung keine derart starke Differenzdruckreduzierung bewirken.

Fazit

Die aufgeführten Untersuchungen zeigen, dass das thermische Rissverhalten eine Funktion der Washcoatdicke bzw. der Washcoatbeladung darstellt. Bei geringen Beschichtungsmengen scheint der Calcinierprozess eine ausreichend hohe thermische Beanspruchung und fortschreitende Trocknung der Beschichtung zu generieren und das Rissverhalten des Washcoats zu beeinflussen. Ein anschließender thermischer Alterungsprozess hat keinen weiteren Einfluss auf die Betriebsparameter.

Dieses Verhalten ist besonders interessant für die Messung des Differenzdrucks nach dem Be-schichtungsvorgang, welche in der Regel mit Kaltgasprüfständen durchgeführt werden und diese Ergebnisse für den Betrieb am Motor mit Heißgas unbrauchbar sind. Die Differenzdruck-spezifikation wird durch die Differenzdruckunterschiede bei Verwendung von Heiß- und Kalt-gas und die damit schlecht übertragbaren Differenzdrücke auf den Motorbetrieb erschwert.

6.1.2 Substrate mit Washcoatbeschichtung in der Filterwand

Analog zu Kapitel 6.1.1 wird in diesem Teilkapitel das Betriebsverhalten eines Ottopartikelfil-ters mit identischer Geometrie und einer Washcoatbeschichtung von 75 g/l in der Filterwand infolge thermischer Alterung untersucht. Das Bauteil erfährt eine Testprozedur analog zu OPF 2. Das Differenzdruck- und Filtrationsverhalten mit und ohne thermischer Alterung ist anhand der beiden Diagramme in Abb. 6.18 dargestellt.

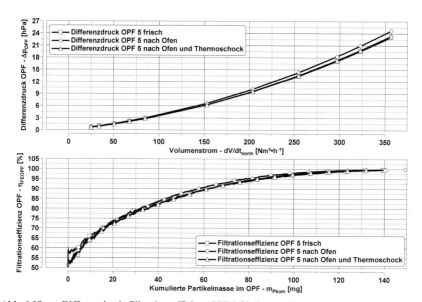

Abb. 6.18: Differenzdruck, Filtrationseffizienz OPF 5 frisch u. gealtert

Anhand der beiden Diagramme in Abb. 6.18 ist erkennbar, dass OPF 5 einen ähnlichen Diffe-renzdruck bei leicht erhöhter Filtrationseffizienz im Vergleich zu OPF 4 (Vergleich Abb. 6.14) aufweist. Mit der Beschichtung in der Substratwand geht eine Porenverkleinerung und eine Steigerung der Strömungsgeschwindigkeit einher, was gemäß Gl. 2.12 in einer reduzierten Filt-rationsrate im frischen Zustand mündet. Die an den Filtrationstest angeschlossene Rußoxidation und Temperaturbeanspruchung im Ofen für 12 Stunden bei 650 °C zeigt wie auch die folgende Thermoschockprozedur keinen Einfluss auf die Betriebsparameter. Aus diesem Grund ist davon auszugehen, dass sich die Topographie der Washcoatoberfläche nicht verändert. Eine Washcoatbeschichtung in der Wand weist nach dem Calcinierprozess ebenfalls Risse auf.

Diese Risse werden jedoch nicht orthogonal zu ihrer Ausbreitungsebene durchströmt und erzeugen einen vernachlässigbaren Anteil am Differenzdruck woraufhin ein Rissfortschritt, dargestellt durch die Mikroskopaufnahmen in Abb. 6.19 und Abb. 6.20, eine sehr kleine Differenzdruckänderung zeigen würde.

Abb. 6.19 zeigt die Washcoatbeschichtung mit auftretender Wandpenetration eines frischen OPF's mit Beschichtung in der Substratwand. Abb. 6.20 stellt die gealterte Beschichtung von OPF 5 dar. Nur an den Kanten der Substratporen sind in der rechten Abbildung Risse im Washcoat zu erkennen. Die Wandpenetration der Beschichtung und die fehlende Analysefläche schließt eine Kontrastanalyse aus. Der Vollständigkeit halber geht Abb. 6.21 auf das Rußeinlagerungsverhalten nach thermischer Alterung ein.

Abb. 6.19: Washcoattopographie OPF 5 frisch   **Abb. 6.20:** Washcoattopographie OPF 5 gealtert

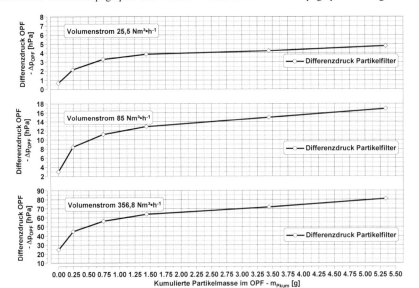

Abb. 6.21:   Differenzdruck bei Rußeinlagerung OPF 5 gealtert

Das Rußeinlagerungsverhalten lässt eine hohe Differenzdrucksensibilität bezüglich Ruß erkennen, welche nur unwesentlich schwächer ist als selbige von OPF 4. Im Besonderen weist das Bauteil sehr hohe Differenzdrucksteigerungen bis 1 g Ruß auf. Hierfür lässt sich das verringerte Porenvolumen in der Substratwand infolge der Beschichtung als Ursache nennen. Die Differenzdruckerhöhungsfaktoren errechnen sich zu 7,02 bei 25,5 Nm³/h, 5,63 bei 85 Nm³/h und zu 3,2 bei einem Normvolumenstrom von 356,8 Nm³/h.

Fazit

Ottopartikelfilter mit Washcoatbeschichtung in der Substratwand, welche für moderate Beschichtungsmengen prädestiniert sind, weisen kein Rissverhalten und keine Änderung der Betriebsparameter infolge thermischer Beanspruchung auf. Aus diesem Grund ist die Differenzdruckspezifikation als weniger kritisch anzusehen als bei hoch beschichteten Ottopartikelfiltern mit Beschichtung auf der Substratwand.

6.2 Aschedepositionen in unbeschichteten Ottopartikelfiltern

Dieses Kapitel befasst sich mit der Herleitung einer experimentell und simulativ ermittelten Gleichung zur Berechnung der Wandpermeabilität in Abhängigkeit der Porenspezifikation. Darüber hinaus wird das Ascheeinlagerungsverhalten verschiedener Ottopartikelfilter unter Zuhilfenahme der Simulation im Hinblick auf das Differenzdruck- und Filtrationsverhalten untersucht. Diese Untersuchungen beschränken sich auf unbeschichtete Bauteile, da aufgrund von Schwankungen im Beschichtungsprozess diese einen erheblichen Einfluss auf das Betriebsverhalten aufweisen können.

6.2.1 Einfluss des Porengefüges auf die Permeabilität der Substratwand

Zur Vorausberechnung des Differenzdrucks eines Ottopartikelfilters bedarf es der genauen Kenntnis der strömungsmechanischen Kenngrößen, insbesondere denen der Substratwand, welche durch die Permeabilität wiedergegeben werden. Zur Herleitung einer solchen Gleichung bedarf es der Messung des Differenzdrucks sowie der Kenntnis der Porenspezifikation des Ottopartikelfilters. Die verwendeten OPF's werden durch Tabelle 6.1 gekennzeichnet.

Tabelle 6.1: Substratspezifikationen der Ottopartikelfilter

Durchmesser	Länge	Zelligkeit	Wandstärke	Porosität	Porenspezifikation
4,662 Zoll	6,00 Zoll	300 CPSI	8 mil	65 %	d_{10}= 7 µm
4,662 Zoll	4,50 Zoll	300 CPSI	8 mil	65 %	d_{50}= 20 µm
5,20 Zoll	4,00 Zoll	300 CPSI	8 mil	65 %	d_{90}= 47 µm
5,662 Zoll	6,00 Zoll	300 CPSI	8 mil	65 %	
5,662 Zoll	6,00 Zoll	200 CPSI	8 mil	55 %	d_{10}= 7 µm d_{50}= 13 µm d_{90}= 30 µm

Das Porengefüge in einer Substratwand ist keinesfalls nur durch eine Porengröße geprägt, sondern wird viel mehr durch eine Verteilung beschrieben. Die Porenspezifikation beschreibt die charakteristischen Porendurchmesser der jeweiligen Verteilung. Der Porendurchmesser d_{10} beschreibt die Porengröße bei welcher genau 10 % des gesamten Porenvolumens erreicht wird. Die Porenparameter d_{50} und d_{90} erläutern sich analog.

Das gemessene Differenzdruckverhalten der Ottopartikelfilter über dem Abgasvolumenstrom ist in Abb. 6.22 dargestellt.

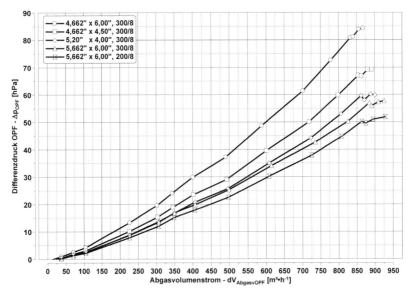

Abb. 6.22:   Differenzdruckübersicht verschiedener OPF's

Zur Beschreibung der Wandpermeabilität werden sämtliche Messpunkte am Motorprüfstand für alle genannten Ottopartikelfilter mittels des in Kapitel 4.2 erläuterten CFD-Modells nachberechnet. Dabei wird die Wandpermeabilität für jeden Simulationspunkt in 9 Stufen variiert. Diese Stufen sind:

- $K_{Wall1} = 10 \bullet 10^{-14}$ m²
- $K_{Wall2} = 50 \bullet 10^{-14}$ m²
- $K_{Wall3} = 100 \bullet 10^{-14}$ m²
- $K_{Wall4} = 150 \bullet 10^{-14}$ m²
- $K_{Wall5} = 200 \bullet 10^{-14}$ m²

- $K_{Wall6} = 250 \bullet 10^{-14}$ m²
- $K_{Wall7} = 300 \bullet 10^{-14}$ m²
- $K_{Wall8} = 350 \bullet 10^{-14}$ m²
- $K_{Wall9} = 400 \bullet 10^{-14}$ m²

Abb. 6.23 und Abb. 6.24 stellen die Variation der Permeabilität im Vergleich zur Differenzdruckmessung dar. Aus Gründen der Übersichtlichkeit und des qualitativ identischen Verlaufes sind die restlichen Ottopartikelfilter an dieser Stelle nicht dargestellt.

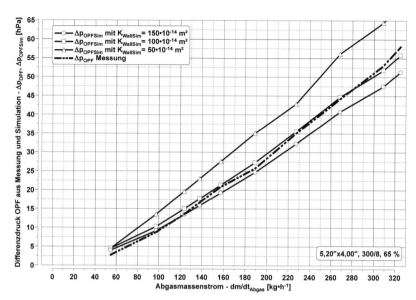

Abb. 6.23: Vergleich Permeabilitätsvariation zu Differenzdruckmessung OPF Ø 5,20",
1 4,00", 300/8

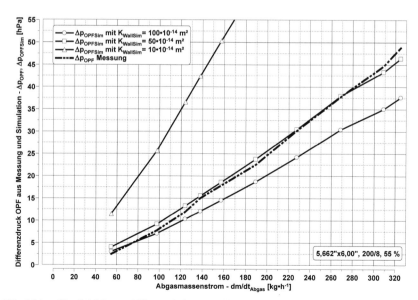

Abb. 6.24: Vergleich Permeabilitätsvariation zu Differenzdruckmessung OPF Ø 5,662",
1 6,00", 200/8

Der Differenzdruck aus der Messung der Bauteile mit 65 % Porosität korreliert mit den simulativen Ergebnissen, wenn die Wandpermeabilität zu $108 \cdot 10^{-14}$ m² gesetzt wird. Für den OPF mit 55 % Porosität korrelieren die Ergebnisse für $50 \cdot 10^{-14}$ m² sehr gut miteinander. Diesbezüglich werden die beiden genannten Permeabilitäten für die Berechnung der Gleichung herangezogen.

Als Berechnungsansatz für die Wandpermeabilität wird folgende Gleichung verwendet:

$$K_{Wall} = \frac{\varepsilon \cdot K_{Wallinitial}}{d_{Wall}}$$ (Gl. 6.1)

In dieser Gleichung beschreibt K_{Wall} die resultierende Wandpermeabilität und $K_{Wallinitial}$ die Permeabilität, welche nur durch das Porengefüge und die Porengrößenverteilung beschrieben wird. Die Wandporosität ε befindet sich im Zähler der Gleichung, um bei deren Zunahme eine Steigerung der resultierenden Wandpermeabilität zu erzeugen, wodurch der Differenzdruck gesenkt wird. Der letzte Parameter d_{Wall} stellt einen Anpassungsfaktor dar, welcher durch den Abgleich zwischen Berechnung und Messung definiert wird.

Zur Berechnung des Parameters $K_{Wallinitial}$ muss die Porengrößenverteilung herangezogen werden, welche durch eine Weibull-Verteilung mit 3 Parametern definiert wird. Die Eingangsgrößen für die Berechnung der Verteilung liefern die Parameter d_{10}, d_{50} und d_{90}. Gl. 6.2 stellt die Dichteverteilung dar woraufhin Gl. 6.3 die Verteilungsfunktion beschreibt (63):

$$f(t_w) = \frac{\alpha_w}{\beta_w}\left(\frac{t_w - \gamma_w}{\beta_w}\right)^{\alpha_w - 1} e^{-\left(\frac{t_w - \gamma_w}{\beta_w}\right)^{\alpha_w}} \quad \text{für } t_w \in \mathbb{R} + t_w \geq 0$$ (Gl. 6.2)

$$F(d_{pore}) = 1 - e^{-\left(\frac{d_{pore} - \gamma_w}{\beta_w}\right)^{\alpha_w}} \quad \text{für } d_{pore} \in \mathbb{R} + d_{pore} \geq 0$$ (Gl. 6.3)

Unter Zuhilfenahme der Software Maple 18 werden die drei Parameter für beide Porengefüge zu folgenden Werten bestimmt (siehe Tabelle 6.2) (64):

Tabelle 6.2: Weibullverteilungsparameter beider Porengefüge

300 CPSI/ 8 mil/ 65 % Porosität	200 CPSI/ 8 mil/ 55 % Porosität
$\alpha_w = 1{,}247303618$	$\alpha_w = 0{,}975801474$
$\beta_w = 0{,}00002238352993$	$\beta_w = 0{,}00001021739412$
$\gamma_w = 0{,}000003315481927$	$\gamma_w = 0{,}000005981920253$

Anhand von Abb. 6.25 wird deutlich, dass die Porengrößenverteilung des Porengefüges mit 55 % Porosität deutlich schmaler ist als die Porenverteilung der Substrate mit 65 % Porosität.

Die Substratwand wird als ein System aus hintereinandergeschalteten Poren unterschiedlicher Größe und Permeabilität betrachtet. Bei der Reihenschaltung beliebig vieler Permeabilitäten $(K_1, K_2, \ldots, K_n)$ für die resultierende Permeabilität bestehend aus der Dicke $(d_1, d_2, \ldots, d_n)$ aller Einzelpermeabilitäten folgt aus dem Darcy-Gesetz (Gl. 4.2):

$$K_{Wallgesamt} = \frac{d_1 + d_2 + \cdots + d_n}{\frac{d_1}{K_1} + \frac{d_2}{K_2} + \cdots + \frac{d_n}{K_n}}$$ (Gl. 6.4)

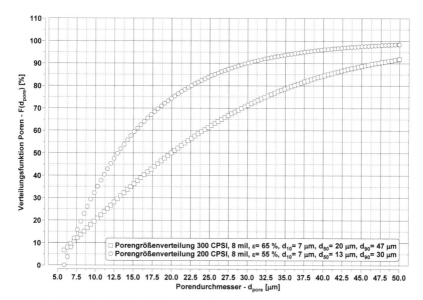

Abb. 6.25: Verteilungsfunktion beider Porengefüge

Zur Berechnung der Initialpermeabilität $K_{Wallinitial}$ wird $d_1, d_2, ..., d_n$ durch die Porengröße substituiert. Da die Einzelpermeabilitäten der jeweiligen Porengrößen unbekannt sind, wird statt der Permeabilität aufgrund ihrer Einheit in Form einer Fläche, der quadrierte Durchmesser $d_1^2, d_2^2, ..., d_n^2$ verwendet. Da die initiale Permeabilität unabhängig von der Wanddicke ist, wird die Summe der Einzeldicken im Zähler durch die Summe aus den Einzelprodukten von Auftrittswahrscheinlichkeit (Dichteverteilung Gl. 6.2) und Porengrößen substituiert. Das Gleiche gilt für die Zähler im Nenner der Gleichung. Somit folgt aus Gl. 6.4 der Zusammenhang für die initiale Permeabilität:

$$K_{Wallinitial} = \frac{\sum_{i=1}^{n} d_n \cdot f(t = d_n)}{\sum_{i=1}^{n} \frac{d_n \cdot f(t = d_n)}{d_n^2}} \qquad \text{(Gl. 6.5)}$$

Die Ausführung dieser Gleichung von $d_1=0$ μm bis $d_n= 200$ μm mit einer Schrittweite von $2 \cdot 10^{-3}$ μm führt zu folgenden initialen Permeabilitäten beider Porengefüge:

$K_{55\%Wallinitial} = 1{,}9745 \cdot 10^{-10}$ m², $K_{65\%Wallinitial} = 3{,}5560 \cdot 10^{-10}$ m²

Der Korrelationsfaktor d_{Wall} verbindet die simulativen mit den experimentellen Ergebnissen und wird zu $d_{Wall} = 214$ bestimmt. In diesem Fall stimmt die anhand Gl. 6.6 berechnete Permeabilität mit der aus Messung und Simulation bestimmten Permeabilität sehr genau überein. Somit folgt die Gleichung für die Berechnung der resultierenden Permeabilität:

$$K_{GlWall} = \frac{\varepsilon}{214} \cdot \frac{\sum_{i=1}^{n} d_n \cdot f(t = d_n)}{\sum_{i=1}^{n} \frac{d_n \cdot f(t = d_n)}{d_n^2}} \qquad \text{(Gl. 6.6)}$$

6.2.2   Differenzdruckverhalten bei Ascheakkumulation

Zur Evaluation des Differenzdruckverhaltens infolge von Ascheakkumulationen werden die im vorherigen Unterkapitel erwähnten unbeschichteten Ottopartikelfilter mit einer definierten Aschemasse beladen und anschließend der Differenzdruck gemessen. Als nominelle Beladungsstufen für alle Ottopartikelfilter sind folgende Beladungen vorgesehen:

- $m_{Asche1} = 0,0$ g
- $m_{Asche2} = 2,5$ g
- $m_{Asche3} = 5,0$ g
- $m_{Asche4} = 10,0$ g

- $m_{Asche5} = 20,0$ g
- $m_{Asche6} = 30,0$ g
- $m_{Asche7} = 45,0$ g
- $m_{Asche8} = 60,0$ g

Diese acht Beladungsstufen gelten als Nominalwerte. Aufgrund von Ungenauigkeiten und nicht konstanten Aschebeladungsraten werden diese Werte geringfügig über- oder unterschritten.

Alle Ottopartikelfilter werden mit dem in Kapitel 5 beschriebenen Veraschungsverfahren verascht und mit dem in Kapitel 3 beschriebenen Motorprüfstand und dessen Versuchsmethodik gemessen. Abb. 6.26 bis Abb. 6.30 zeigen das Differenzdruckverhalten für alle Ottopartikelfilter in den unterschiedlichen Aschebeladungsstufen in Abhängigkeit des Abgasvolumenstroms vor OPF. Der Berechnung des Abgasvolumenstroms vor Ottopartikelfilter liegen der statische Druck, die Temperatur sowie der Abgasmassenstrom und die spezifische Gaskonstante des Abgases vor OPF zugrunde. Die spezifische Gaskonstante des Abgases wird mittels der Abgasanalyse bestimmt. Dabei werden die spezifischen Gaskonstanten für trockene Luft, Wasser und Kraftstoff anhand ihrer Massenströme zu einer mittleren spezifischen Gaskonstante mit Summenmassenstrom gewichtet.

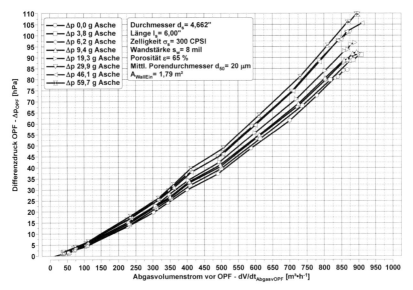

Abb. 6.26:   Differenzdruck OPF Ø 4,662", 1 6,00", 300/8

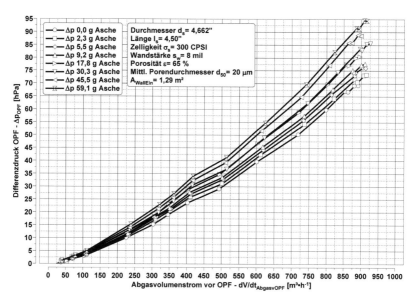

Abb. 6.27: Differenzdruck OPF Ø 4,662", l 4,50", 300/8

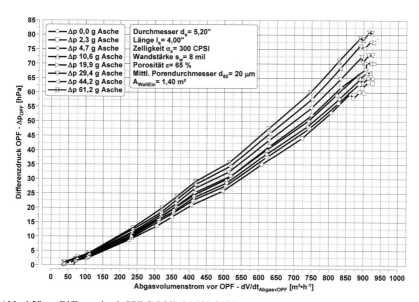

Abb. 6.28: Differenzdruck OPF Ø 5,20", l 4,00", 300/8

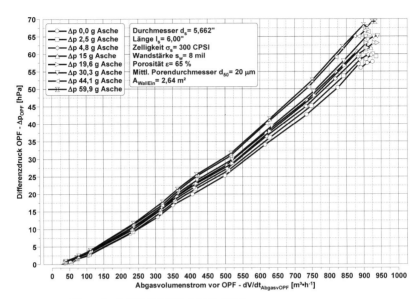

Abb. 6.29:   Differenzdruck OPF Ø 5,662", l 6,00", 300/8

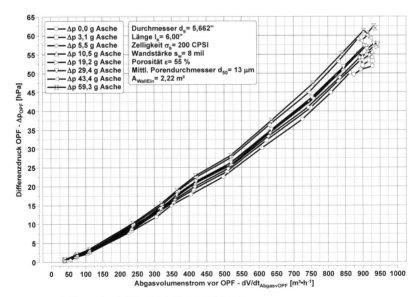

Abb. 6.30:   Differenzdruck OPF Ø 5,662", l 6,00", 200/8

Die verschiedenen Bauteile weisen unterschiedliche Differenzdrucksteigerungen infolge Ascheakkumulation auf. Die absolute Differenzdruckänderung ist am OPF mit 4,662 Zoll Durchmesser und 6 Zoll Länge mit ca. 23 hPa am größten. Die geringste Differenzdruckänderung mit 9 hPa über 60 g Asche weist der größte Ottopartikelfilter mit einer Zelligkeit von 200 CPSI auf. Die verbleibenden Bauteile weisen eine Differenzdrucksensibilität bezüglich Ascheakkumulation zwischen 9 hPa und 23 hPa bei 60 g Asche auf.

Der Differenzdruckanstieg in einem Partikelfilter infolge einer Ascheakkumulation wird maßgeblich durch die Veränderung der Wandpermeabilität und die Zunahme des Wanddruckverlusts hervorgerufen. Der mit Verringerung des hydraulischen Kanaldurchmessers einhergehende steigende Kanaldruckverlust ist gegenüber dem Anstieg des Wanddruckverlusts zu vernachlässigen. Um grundsätzliche Trends im Differenzdruckverhalten von Ottopartikelfiltern bei Ascheakkumulation zu untersuchen, muss näher auf das System aus Substratwand und Ascheschicht eingegangen werden. Dazu werden die Reynoldszahl der Wanddurchströmung und die spezifische Aschebeladung herangezogen. Die spezifische Aschebeladung ist als der Quotient (siehe Gl. 6.7) von absoluter Aschebeladung und innerer Wandoberfläche definiert wohingegen sich die Reynoldszahl gemäß Gl. 6.8 berechnen lässt (9):

$$m_{AscheOberfläche} = \frac{m_{Asche}}{A_{WallEin}} \qquad \text{(Gl. 6.7)}$$

$$Re = \frac{\rho_{Wall} v_{Wall} d_{50}}{\eta_{Wall}} \qquad \text{(Gl. 6.8)}$$

Der Parameter d_{50} in Gl. 6.8 stellt den mittleren Porendurchmesser der Substratwand dar. Zur Berechnung der mittleren Wanddurchströmungsgeschwindigkeit wird der Abgasvolumenstrom vor Ottopartikelfilter herangezogen und dieser Wert durch die innere Wandoberfläche dividiert (siehe Gl. 6.9). Die dynamische Viskosität des Abgases wird anhand des Gesetzes von Sutherland (Gl. 4.1) berechnet.

$$v_{Wall} = \frac{dV/dt_{AbgasvOPF}}{A_{WallEin}} \qquad \text{(Gl. 6.9)}$$

Aufgrund der Bewertung des Differenzdrucks über der Reynoldszahl ergibt sich der Vorteil der Unabhängigkeit von am Motorprüfstand schwankenden Messgrößen. In Abb. 6.31 wird der Differenzdruck in Abhängigkeit der oberflächenbezogenen Aschebeladung für verschiedene Reynoldszahlen dargestellt. Der abgebildete OPF weist eine Länge von 4,50 Zoll und einen Durchmesser von 4,662 Zoll bei 300 CPSI Zelligkeit und 8 mil Wandstärke auf. Auf die Darstellung dieses Verhaltens der verbleibenden OPF's wird aus Gründen der Übersichtlichkeit verzichtet.

Bis auf geringe Schwankungen zeigt sich für jede Reynoldszahl eine überwiegend lineare Differenzdruckzunahme mit steigender spezifischer Aschebeladung. Bei Kenntnis der Reindichte von Asche sowie ihrer Ablagerungsporosität korreliert dieser Wert mit einer Ablagerungsdicke. Da diese Größen, sowie die Verteilung der Asche, jedoch unbekannt sind lässt sich dieses Verhalten anhand der kombinierten Permeabilität aus Substratwand und Aschebeladung betrachten. Ascheablagerungsstärken gemäß Lambert et al. (29) von 12,4 μm führen zu einer Reduzierung des Kanaldurchmesser von 1% woraufhin der Kanaldruckverlustanstieg vernachlässigt werden kann.

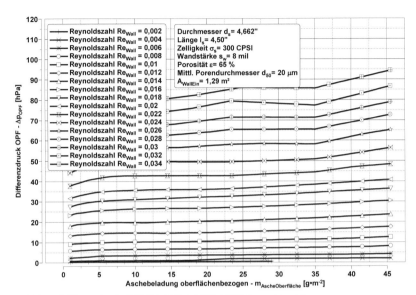

Abb. 6.31: Differenzdruck OPF Ø 4,662", l 4,50", 300/8, Reynoldszahl

Zur Herstellung eines Vergleichs der unterschiedlichen Bauteile bedarf es der Herleitung eines Trends der Aschesensibilität, welche als Differenzdruckanstieg bezogen auf die spezifische Aschebeladung definiert ist (siehe Gl. 6.10). Anhand von Abb. 6.31 wird eine lineare Regression des Differenzdrucks in Abhängigkeit der spezifischen Aschebeladung für sämtliche Reynoldszahlen mit einer Schrittweite von $\Delta Re_{Wall} = 0{,}002$ durchgeführt. Anschließend wird der Gradient einer jeden linearen Gleichung betrachtet. Dieser Gradient weist einen linearen Anstieg mit steigender Reynoldszahl auf.

$$S_{Aschespez\Delta p}(Re_{Wall}) = \frac{\Delta\Delta p_{OPF}(Re_{Wall})}{m_{AscheOberfläche}} \qquad \text{(Gl. 6.10)}$$

Die diesbezüglich durchgeführte lineare Regression der Differenzdruckänderung bezogen auf die spezifische Aschebeladung für die beschriebenen Reynoldszahlen beschreibt die differenzdruckbezogene Aschesensibilität in Abhängigkeit der Reynoldszahl für jeden Ottopartikelfilter. Der hergestellte funktionale Zusammenhang in Form einer Geraden beginnt idealerweise im Nullpunkt und ist anhand von Abb. 6.32 dargestellt.

Gemäß Abb. 6.32 steigt mit zunehmender Reynoldszahl die Aschesensibilität eines jeden OPF's an. Dieses Verhalten basiert auf der mit zunehmendem Abgasvolumenstrom steigenden Differenzdruckzunahme infolge Ascheakkumulation. Um den totalen Differenzdruck der OPF's zu erhalten muss die Aschesensibilität mit der spezifischen Aschebeladung multipliziert werden und anschließend der Differenzdruck im frischen Zustand addiert werden.

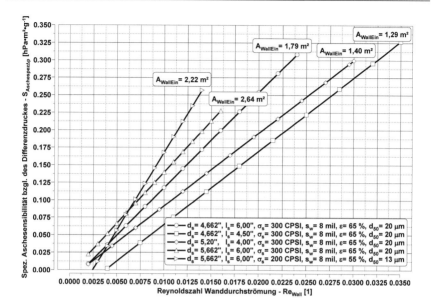

Abb. 6.32:   Spez. Aschesensibilität bezüglich des Differenzdrucks

Mit steigender Wandoberfläche des Ottopartikelfilters ist ein steigender Gradient der Asche-sensibilität zu beobachten. Der OPF mit einer Porosität von 55 % bildet hier die Ausnahme. Aufgrund seiner geringeren Wandpermeabilität der Substratwand, bedingt durch geringe Po-rengrößen, erfolgt ein stärkerer Differenzdruckanstieg mit weiter sinkender Wandpermeabilität aus Substratwand und Aschebeladung infolge einer Ascheeinlagerung. Weiterhin sinkt mit ab-nehmender Zelligkeit eines OPF's die Wandoberfläche bezogen auf das Kanalvolumen womit ein erhöhter Wanddruckverlustanteil einhergeht und zu höheren Aschesensibilitäten führt. Das dargestellte Verhalten lässt vermuten, dass mit zunehmender innerer Wandoberfläche die Aschepermeabilität sinkt. Alle OPF's wurden an demselben Aggregat mit identischem Abgas-massenstrom- und -temperatur mit Asche beladen. Bauteile mit hoher Wandoberfläche weisen demnach bei der Veraschung geringe Wanddurchströmungsgeschwindigkeiten auf.

Diese geringen Durchströmungsgeschwindigkeiten sorgen dafür, dass sich die abgelagerte Asche homogen im Ottopartikelfilter verteilt und bezogen auf identische spezifische Aschebe-ladungen eine niedrigere Aschepermeabilität aufweist.

Zur Erlangung der Erkenntnis der Wandpermeabilitätsänderung in Abhängigkeit der Aschebe-ladung wird das in Kapitel 4.2 erläuterte Simulationsmodell verwendet. Zu diesem Zweck wird bei sämtlichen Ottopartikelfiltern die Wandpermeabilität bei drei unterschiedlichen Abgasmas-senströmen variiert. Diese werden wie folgt gewählt:

$$dm/dt_{Abgas1} = 98 \; \frac{kg}{h} \qquad dm/dt_{Abgas2} = 189 \; \frac{kg}{h} \qquad dm/dt_{Abgas3} = 309 \; \frac{kg}{h}$$

Sämtliche Drücke nach Ottopartikelfilter und Temperaturen werden exakt anhand der jeweiligen Differenzdruckmessung ohne Aschebeladung eines jeden Bauteils angepasst. Die Variationsstufen der Wandpermeabilitäten sind wie folgt:

$$K_{WallSim1} = 20 \cdot 10^{-14}\, m^2 \qquad K_{WallSim2} = 40 \cdot 10^{-14}\, m^2 \qquad K_{WallSim3} = 60 \cdot 10^{-14}\, m^2$$

$$K_{WallSim4} = 80 \cdot 10^{-14}\, m^2 \qquad K_{WallSim5} = 100 \cdot 10^{-14}\, m^2 \qquad K_{WallSim6} = 120 \cdot 10^{-14}\, m^2$$

Die Ergebnisse der Simulation sind beispielhaft anhand des Ottopartikelfilters mit einem Durchmesser von 5,662 Zoll, einer Länge von 6,00 Zoll und einer Zelligkeit von 300 CPSI bei einer Wandstärke von 8 mil dargestellt. Der Differenzdruck ist in Abhängigkeit der Wandpermeabilität für verschiedene Reynoldszahlen in Abb. 6.33 dargestellt.

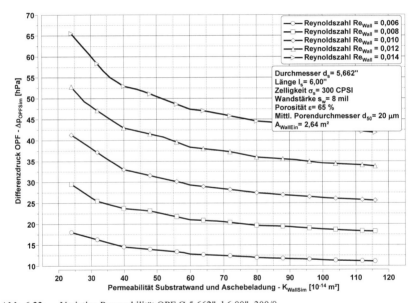

Abb. 6.33:   Variation Permeabilität OPF Ø 5,662", l 6,00", 300/8

Wie aus Abb. 6.33 deutlich wird, zeigt sich eine starke Abhängigkeit des absoluten Differenzdrucks in Abhängigkeit der Reynoldszahl. Mit sinkender Wandpermeabilität nimmt der Differenzdruck ab ca. $K_{WallSim} = 50 \cdot 10^{-14}\, m^2$ stark zu. Mit zunehmender Reynoldszahl steigt auch die absolute Differenzdruckänderung in Abhängigkeit der Permeabilität.

Aus Gründen der Übersichtlichkeit wird auf die Darstellung der Ergebnisse der restlichen Ottopartikelfilter an dieser Stelle verzichtet. Diese Ergebnisse zeigen einen ähnlichen Verlauf. Anzumerken ist, dass eine jede Ergebniskurve der Reynoldszahl der folgenden Funktion genügt:

$$\Delta p_{OPFSim}(K_{WallSim}, Re_{Wall}) = e_{WallSim}(Re_{Wall}) + \frac{f_{WallSim}(Re_{Wall})}{K_{WallSim}} \qquad \text{(Gl. 6.11)}$$

In Gl. 6.11 beschreiben $e_{WallSim}(Re_{Wall})$ und $f_{WallSim}(Re_{Wall})$ Parameter, welche von der Reynoldszahl abhängig sind. Da es im weiteren Verlauf der Untersuchungen von hoher Bedeutung ist, wie sich die Wandpermeabilitäten der Ottopartikelfilter in Abhängigkeit ihrer Aschebeladung verhalten wird in diesem Fall die Ableitung des Differenzdrucks nach der Wandpermeabilität in Abhängigkeit der Wandpermeabilität betrachtet. Diese lautet:

$$\frac{d}{dK_{WallSim}} \Delta p_{OPFSim}(K_{WallSim}, Re_{Wall}) = -\frac{f_{WallSim}(Re_{Wall})}{K_{WallSim}^2} \qquad \text{(Gl. 6.12)}$$

Unter Zuhilfenahme einer Regression gemäß Gl. 6.11 wird für jede unterschiedliche Reynoldszahl eines jeden Ottopartikelfilters der Verlauf des Differenzdrucks in Abhängigkeit der Wandpermeabilität angenähert. Für die Änderung des Differenzdrucks ist nur der Gradient bzw. der Parameter $f_{WallSim}$ von Interesse.

Der Parameter $e_{WallSim}$ entfällt in der Ableitung. Der Parameter $f_{WallSim}$ nimmt in Abhängigkeit der Reynoldszahl einen linearen Verlauf mit positivem Gradienten an. Aus diesem Grund steigt mit zunehmender Reynoldszahl auch die Differenzdruckänderung bezogen auf die Wandpermeabilität. Zur Bestimmung der Wandpermeabilität in Abhängigkeit der Aschebeladung ist unter Verwendung der Differentialgleichung Gl. 6.12, sowie des Euler-Cauchy-Verfahrens folgende Gleichung für die Differenzdruckänderung herzuleiten und mit der gemessenen Differenzdruckänderung gleichzusetzen. Dabei stellt der gemessene Differenzdruck $\Delta \Delta p_{OPF}$ und der Parameter $f_{WallSim}$ eine Funktion der Reynoldszahl dar.

$$\Delta \Delta p_{OPFSim}(K_{WallSim}, Re_{Wall}) = \frac{f_{WallSim}(Re_{Wall})}{K_{WallSim}^2} \Delta K_{Wall} = \Delta \Delta p_{OPF}(Re_{Wall})$$

$$\Rightarrow \Delta \Delta p_{OPF}(Re_{Wall}) = \frac{f_{WallSim}(Re_{Wall})}{K_{WallSim}^2} (K_{WallStart} - K_{WallSim}) \qquad \text{(Gl. 6.13)}$$

Der in Gl. 6.13 angegebene Bruch stellt den Gradienten der Funktion dar. Um eine Differenzdruckänderung berechnen zu können muss dieser Gradient mit einer Permeabilitätsänderung ΔK_{Wall} multipliziert werden. Dabei wird der Gradient der Funktion an der Stelle der neuen Permeabilität $K_{WallSim}$ benötigt. Die Startpermeabilität $K_{WallStart}$ wird entsprechend der ermittelten Wandpermeabilitäten der Ottopartikelfilter anhand von Kapitel 6.2.1 gewählt. Zur Berechnung der neuen Wandpermeabilität müssen die Nullstellen dieser Funktion bestimmt werden. Somit folgt:

$$\Delta \Delta p_{OPF}(Re_{Wall}) \cdot K_{WallSim}^2 = f_{WallSim}(Re_{Wall}) \cdot K_{WallStart} - f_{WallSim}(Re_{Wall}) \cdot K_{WallSim}$$

$$\Rightarrow K_{WallSim}^2 + \frac{f_{WallSim}(Re_{Wall})}{\Delta \Delta p_{OPF}(Re_{Wall})} K_{WallSim} - \frac{f_{WallSim}(Re_{Wall})}{\Delta \Delta p_{OPF}(Re_{Wall})} K_{WallStart} = 0 \qquad \text{(Gl. 6.14)}$$

Unter Anwendung der pq-Formel folgt: (63)

$$K_{WallSim_{1/2}} = -\frac{f_{WallSim}(Re_{Wall})}{2 \cdot \Delta \Delta p_{OPF}(Re_{Wall})} \pm \sqrt{\frac{f_{WallSim}(Re_{Wall})^2}{4 \cdot \Delta \Delta p_{OPF}(Re_{Wall})^2} + \frac{f_{WallSim}(Re_{Wall}) \cdot K_{WallStart}}{\Delta \Delta p_{OPF}(Re_{Wall})}} \qquad \text{(Gl. 6.15)}$$

Im Fall der Lösung für $K_{WallSim_1}$ ergibt sich die reelle Lösung der Permeabilität. Die Lösung für $K_{WallSim_2}$ führt zu negativen Wandpermeabilitäten, welche kein sinnvolles physikalisches Verhalten wiederspiegeln, sodass folgt:

$$K_{WallSim_1} = -\frac{f_{WallSim}(Re_{Wall})}{2 \cdot \Delta\Delta p_{OPF}(Re_{Wall})} + \sqrt{\frac{f_{WallSim}(Re_{Wall})^2}{4 \cdot \Delta\Delta p_{OPF}(Re_{Wall})^2} + \frac{f_{WallSim}(Re_{Wall}) \cdot K_{WallStart}}{\Delta\Delta p_{OPF}(Re_{Wall})}} \quad \text{(Gl. 6.16)}$$

In dieser Gleichung ist noch der derzeit unbekannte Parameter $\Delta\Delta p_{OPF}(Re_{Wall})$ enthalten. Um diesen Wert zu erhalten muss die aus der Messung berechnete Aschesensibilität mit der spezifischen Aschemasse multipliziert werden. Diese Gleichung folgt aus Gl. 6.10 zu:

$$\Delta\Delta p_{OPF}(Re_{Wall}) = S_{Aschespez\Delta p}(Re_{Wall}) \cdot m_{AscheOberfläche} \quad \text{(Gl. 6.17)}$$

Bei Einsetzen von Gl. 6.17 in Gl. 6.16 kann der Verlauf der Wandpermeabilität, dargestellt durch Abb. 6.34, in Abhängigkeit der spezifischen Aschemasse berechnet werden.

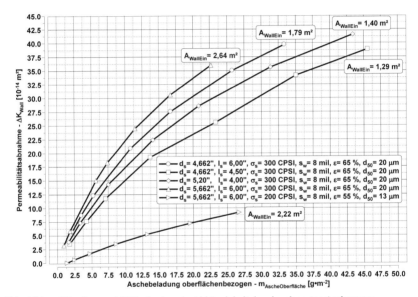

Abb. 6.34:   Wandpermeabilitätsabnahme in Abhängigkeit der eingelagerten Aschemasse

Aus Abb. 6.34 wird deutlich, dass die Permeabilitätsabnahme für sämtliche Ottopartikelfilter ein asymptotisches Verhalten annimmt. Es existiert offenbar ein Grenzwert der asymptotischen Funktion, welcher das erläuterte Verhalten erklärt. Ferner wird das, bereits anhand der Messergebnisse, vermutete Phänomen durch die Simulation bestätigt. Hierbei nimmt, wie in Abb. 6.34 zu erkennen ist, mit steigender Einlasskanalwandoberfläche die Abnahme der Wandpermeabilität aus Substratwand und Aschebeladung mit steigender spezifischer Aschebeladung zu. Aus Abb. 6.32 wird deutlich, dass mit steigender Einlasskanalwandoberfläche die absolute Differenzdruckänderung bezogen auf die spezifische Aschemasse (Aschesensibilität bezüglich Differenzdruck) mit steigender Reynoldszahl zunimmt.

Folglicherweise weist bei gleicher spezifischer Aschebeladung ein OPF mit geringerer Wandoberfläche bezogen auf identische Reynoldszahlen eine geringere Differenzdruckzunahme, gemäß Abb. 6.32, auf. Das simulative Modell in Kombination mit der Messung stützt die Theorie, dass sich bei gleichem Veraschungsmassenstrom die Asche bei steigender Wandoberfläche infolge ihrer geringen Durchströmungsgeschwindigkeiten während der Veraschung gleichmäßiger verteilt und dies zu einer höheren Abnahme der Permeabilität führt.

Der OPF mit 55 % Porosität und 2,22 m² Wandoberfläche weist eine nur geringe Permeabilitätsabnahme infolge Asche auf. Aufgrund seiner reduzierten Permeabilität im Vergleich zu den restlichen OPF's offenbart die Ascheablagerung eine deutlich geringere Beeinflussung dieser Wandpermeabilität. Das Verhalten von Substratwänden unterschiedlicher Permeabilität (unterschiedliche Beschichtung) bei Ruß- und Aschedeposition wird in Kapitel 6.3 näher untersucht. Ein Ottopartikelfilter wird jedoch nicht auf eine spezifische, sondern viel mehr auf eine absolute Aschebeladung ausgelegt, weswegen besonders voluminöse Ottopartikelfilter hinsichtlich eines geringen Differenzdrucks zu bevorzugen sind. Grundsätzlich ist zu beachten, dass eine Permeabilitätsveränderung der Substratwand, ähnlich einer Veraschung, voluminöse Ottopartikelfilter schneller im Differenzdruck steigen lässt, da sie infolge ihrer geringen Durchströmungsgeschwindigkeit einen höheren relativen Wandruckverlustanteil aufweisen. Dieses Verhalten gilt jedoch immer für gleiche Reynoldszahlen der Wanddurchströmung. Aufgrund der höheren Filtrationsoberfläche großer Ottopartikelfilter wird eine äquivalente Aschesensibilität bezüglich des Differenzdrucks erst bei deutlich höheren Abgasmassenströmen erreicht.

Fazit

Die experimentellen Untersuchungen in diesem Kapitel haben unter Zuhilfenahme des Simulationsmodells gezeigt, dass mit identischen Abgasmassenströmen während der Veraschung die Permeabilität der Substratwände von Ottopartikelfiltern mit hoher Wandoberfläche stärker beeinflusst wird als solche mit geringer Wandoberfläche. Dieses Verhalten ist in der Auslegung des Abgasnachbehandlungssystems zu berücksichtigen um über den Lebensdauer des Bauteils applikative und bauteilspezifische Maßnahmen ergreifen zu können. Dabei seien vor allem die Füllungserfassung zur korrekten Lambdaregelung im Lastbereich der Saugvolllast und die Auslegung des Abgasturboladers, insbesondere dessen Höhenreserve, zu nennen. Dabei ist ausgehend von den spezifischen Betriebsgrößen in diesem Kapitel ein Übertrag auf absolute Größen im verwendeten Spezialfall herzustellen.

6.2.3   Filtrationsverhalten bei Ascheakkumulation

Zur Evaluation der Auswirkungen einer Ascheakkumulation auf das Filtrationsverhalten von Ottopartikelfiltern werden die in Kapitel 6.2.2 erwähnten Bauteile nach jedem Aschebeladungsschritt auf ihr Filtrationsverhalten getestet. Als Beladungsstufen dienen dieselben nominellen Beladungsstufen, welche bereits im vorherigen Kapitel erwähnt wurden.

Auch diese Messung wird mit dem in Kapitel 3 erwähnten Motorprüfstand und dessen Versuchsablauf gemessen. Abb. 6.35 bis Abb. 6.39 zeigen analog zu Kapitel 6.2.2 das Filtrationsverhalten eines jeden Ottopartikelfilters in Abhängigkeit des Abgasvolumenstroms und seiner eingelagerten Aschemasse.

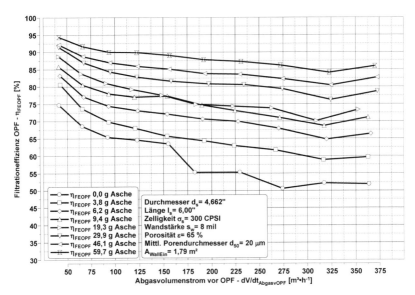

Abb. 6.35:   Filtrationseffizienz OPF Ø 4,662", l 6,00", 300/8

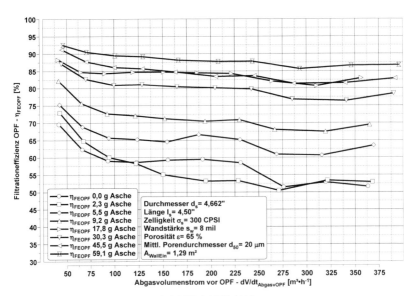

Abb. 6.36:   Filtrationseffizienz OPF Ø 4,662", l 4,50", 300/8

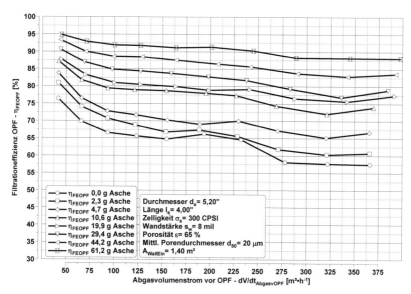

Abb. 6.37: Filtrationseffizienz OPF Ø 5,20", l 4,00", 300/8

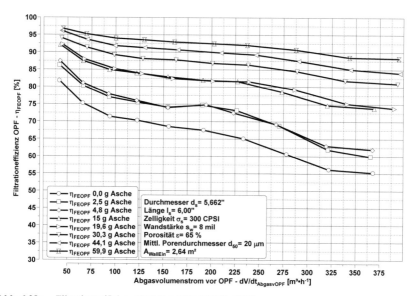

Abb. 6.38: Filtrationseffizienz OPF Ø 5,662", l 6,00", 300/8

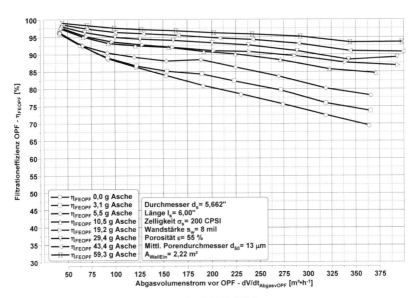

Abb. 6.39: Filtrationseffizienz OPF Ø 5,662", 16,00", 200/8

Anhand von Abb. 6.35 bis Abb. 6.39 wird deutlich, dass Ottopartikelfilter, welche eine hohe Filtrationsoberfläche bereitstellen, insbesondere bei geringen Durchströmungsgeschwindigkeiten hohe Filtrationseffizienzen aufweisen. Mit abnehmender Filtrationsoberfläche nimmt auch die Filtrationseffizienz im frischen Zustand ohne Asche ab. Dieses Verhalten findet seinen Ursprung im vorwiegend diffusiven Abscheidemechanismus von Rußpartikeln in Ottopartikelfiltern.

Mit abnehmender Durchströmungsgeschwindigkeit vergrößert sich die Verweildauer der Partikel im Inneren der Substratwände und die Abscheidewahrscheinlichkeit steigt. Bei Ottopartikelfiltern mit sehr geringer Filteroberfläche zeigt sich bei hohen Volumenströmen gemäß Abb. 6.36 ein anderes Verhalten. Ab ca. 250 m³/h verläuft die Filtrationseffizienz nahezu konstant und weist zu höheren Abgasvolumenströmen eine schwach steigende Tendenz auf. Verantwortlich für dieses Verhalten sind die in Kapitel 2.3 erläuterten mechanischen Abscheidemechanismen, welche mit steigenden Filtrationsgeschwindigkeiten steigende Filtrationseffizienzen hervorrufen. In Analogie zum vorherigen Teilkapitel wird die spezifische Aschesensibilität bezüglich der Filtrationseffizienz in Abhängigkeit der Reynoldszahl der Wanddurchströmung anhand von Abb. 6.40 dargestellt. Sie stellt die durch Ascheeinlagerung bedingte Zunahme der Filtrationseffizienz bezogen auf die oberflächenspezifische eingelagerte Aschemasse dar (siehe Gl. 6.18).

$$S_{Aschespez\eta_{FEOPF}}(Re_{Wall}) = \frac{\Delta\eta_{FEOPF}(Re_{Wall})}{m_{AscheOberfläche}} \qquad \text{(Gl. 6.18)}$$

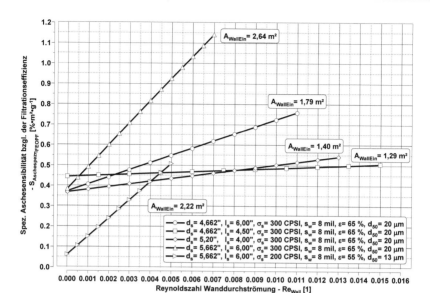

Abb. 6.40:   Spez. Aschesensibilität bezüglich der Filtrationseffizienz

Grundsätzlich ist anhand des Verhaltens eines jeden Ottopartikelfilters zu erkennen, dass mit zunehmender Reynoldszahl die Filtrationseffizienzzunahme infolge Ascheeinlagerung steigt. Mit zunehmender Filtrationsgeschwindigkeit nimmt gemäß Gl. 2.14 die Abscheidewahrscheinlichkeit nach dem Mechanismus der Impaktion mit der dritten Potenz der effektiven Stokeszahl zu. Dieser Effekt wird mit steigender Aschebeladung infolge fortschreitender Porenverengung und schnellerer Strömungsumlenkungen begünstigt.

Alle verschiedenen Ottopartikelfilter weisen eine unterschiedliche filtrationseffizienzbasierte Aschesensibilität auf. Der OPF mit geringster Wandoberfläche weist eine nahezu konstante Aschesensibilität auf. Bereits bei geringen Abgasvolumenströmen sinkt die diffusive Abscheidewahrscheinlichkeit wohingegen Partikel bei steigendem Volumenstrom mechanisch immer effizienter gefiltert werden. Die Summe der Einzelfiltrationseffizienzen verläuft nahezu konstant.

Bei Ottopartikelfiltern mit höherer Filtrationsoberfläche nimmt die Filtrationseffizienz mit steigendem Abgasvolumenstrom gemäß Abb. 6.35 bis Abb. 6.39 ab und die Filtrationseffizienzzunahme infolge Ascheeinlagerung mit steigender Reynoldszahl gemäß Abb. 6.40 stark zu. Dieses Verhalten deckt sich mit dem Verhalten des Differenzdrucks in Kapitel 6.2.2. Mit steigender Wandoberfläche lagert sich die Asche infolge geringer Wanddurchströmungsgeschwindigkeiten und der daraus bedingten homogenen Strömungsverteilung sehr dicht ab. Bei Reynoldszahlen nahe Null weisen OPF's mit identischem Porengefüge überwiegend identische Aschesensibilitäten auf. Bei sehr geringen Abgasvolumenströmen rufen unterschiedliche Wandoberflächen nahezu keine Änderung der Strömungsgeschwindigkeit hervor wodurch die Filtrationsmechanismen sowie deren Steigerung infolge Asche nur noch eine Abhängigkeit vom Porengefüge aufweisen.

Unterschiede im Filtrationsverhalten werden demnach erst bei Reynoldszahlen, welche signifikant größer Null sind, deutlich. Zur Quantifizierung dieses Phänomens muss die Ableitung nach der Reynoldszahl einer jeden Geraden aus Abb. 6.40 gebildet werden und diese in Abhängigkeit der filternden Wandoberfläche betrachtet werden (siehe Gl. 6.19). Dieses Verhalten wird durch Abb. 6.41 verdeutlicht.

$$S_{AschespezGrad\eta_{FEOPF}}(Re_{Wall}) = \frac{dS_{Aschespez\eta_{FEOPF}}(Re_{Wall})}{dRe_{Wall}} \hspace{3cm} \text{(Gl. 6.19)}$$

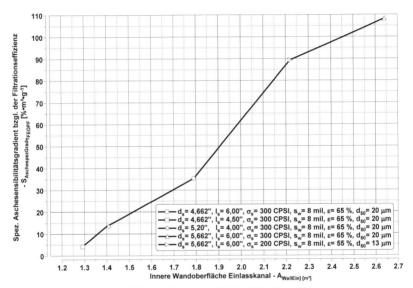

Abb. 6.41:   Spez. Aschesensibilitätsgradient bezüglich der Filtrationseffizienz

Gemäß Abb. 6.41 ist eine direkte Abhängigkeit des Anstiegs der Aschesensibilität bezüglich der Filtrationsrate mit steigender Wandoberfläche zu erkennen. Mit steigender Reynoldszahl nimmt der Gradient der Aschesensibilität bezüglich der Filtrationseffizienz zu. Ein Ottopartikelfilter, dessen Filtrationseffizienz über dem Abgasvolumenstrom konstant ist und monoton mit der Aschebeladung steigt weist einen Aschesensibilitätsgradienten von Null auf. Das bezüglich der Filtrationseffizienz beobachtete Verhalten stützt gemäß Kapitel 6.2.2 die Theorie einer dichteren Ascheablagerung bei Ottopartikelfiltern mit hohen Volumina und Filtrationsoberflächen.

Gemäß Abb. 6.40 weist der OPF mit 55 % Porosität die geringste Aschesensibilität auf. Aufgrund der geringen Porosität und des geringen Porendurchmessers weist dieses Bauteil anhand Abb. 6.39 hohe Filtrationseffizienzen auf wodurch eine Steigerung infolge Ascheakkumulation kaum noch möglich ist. Bei Reynoldszahlen nahe Null beträgt die Aschesensibilität fast null. Dies ist auf die Filtrationseffizienz von nahezu 100 % bei geringen Abgasvolumenströmen zurückzuführen. Im Weiteren wird noch das Filtrationsverhalten der Ottopartikelfilter in Abhängigkeit der Partikelgröße in unterschiedlichen Motorbetriebspunkten untersucht. Diese Ergebnisse sind anhand von Abb. 6.42 bis Abb. 6.46 dargestellt.

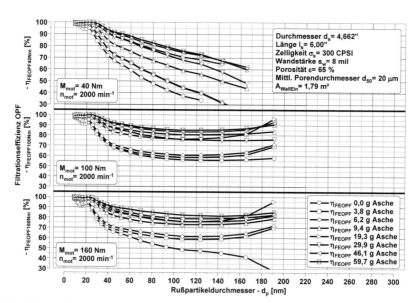

Abb. 6.42: Filtrationseffizienz in Abhängigkeit der Partikelgröße OPF Ø 4,662", l 6,00", 300/8

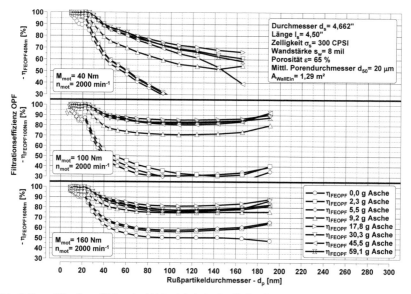

Abb. 6.43: Filtrationseffizienz in Abhängigkeit der Partikelgröße OPF Ø 4,662", l 4,50", 300/8

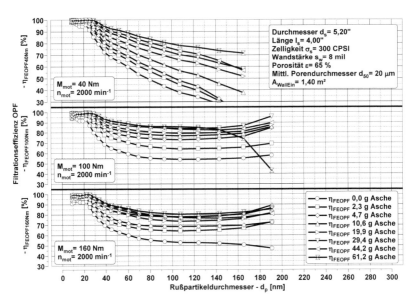

Abb. 6.44:   Filtrationseffizienz in Abhängigkeit der Partikelgröße OPF Ø 5,20", l 4,00", 300/8

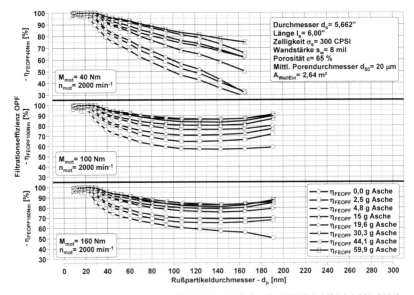

Abb. 6.45:   Filtrationseffizienz in Abhängigkeit der Partikelgröße OPF Ø 5,662", l 6,00", 300/8

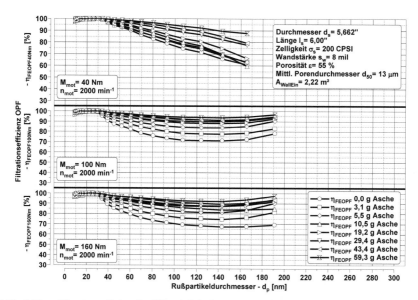

Abb. 6.46: Filtrationseffizienz in Abhängigkeit der Partikelgröße OPF Ø 5,662", l 6,00", 200/8

Dabei wird eine Auswertung der Filtrationseffizienz in Abhängigkeit der Partikelgröße für sämtliche Aschebeladungen und drei unterschiedliche Betriebspunkte vorgenommen. Diese befinden sich bei einer Motordrehzahl von 2000 1/min und 40 Nm, 100 Nm und 160 Nm effektivem Motordrehmoment. Diese Betriebspunkte entsprechen Abgasvolumenströmen von etwa 63 m³/h, 155 m³/h und 280 m³/h.

Die Abbildungen verdeutlichen, dass alle frischen Ottopartikelfilter sehr kleine Partikel effizient abscheiden. Bis etwa 30 nm Partikeldurchmesser beträgt bei sämtlichen Bauteilen und Aschebeladungsstufen die Filtrationseffizienz über 80 %. Darüber hinaus wird eine geringe Filtrationseffizienzspanne bei hohen Abgasvolumenströmen in Abhängigkeit der Wandoberfläche erkennbar. In Abb. 6.45 beträgt die Filtrationseffizienz kleiner Partikel bei 0,0 g Asche im höchsten Lastpunkt ca. 95 % wohingegen sie in Abb. 6.43 ca. 90 % beträgt. Infolge der mit steigender Wandoberfläche abnehmenden Filtrationsgeschwindigkeit werden kleine Partikel immer effizienter abgeschieden. Mit steigender Aschebeladung der OPF's nehmen die Unterschiede in den Filtrationsraten dieser Partikel stetig ab. Bei 60 g Aschebeladung ist bei allen OPF's eine überwiegend vollständige Filtration dieser Partikelgrößen erkennbar.

Mit zunehmender Partikelgröße fällt die Filtrationseffizienz ab 30 nm bei jedem Ottopartikelfilter im niedrigsten Lastpunkt ab. Dies ist der Diffusionsabscheidung zuzuschreiben. Je größer das Partikel ist, umso schwächer wird seine Brownsche Bewegung und umso geringer sein diffusiver Abscheidegrad. Im Zustand ohne Aschebeladung folgt mit zunehmender Partikelgröße ein nahezu linearer Abfall der Filtrationseffizienz.

Ein Anstieg der Filtrationseffizienz in diesem Lastpunkt kann unabhängig von der Aschebeladung bei keinem Ottopartikelfilter beobachtet werden. Offenbar sind die Wanddurchströmungsgeschwindigkeiten zu gering, um signifikante mechanische Abscheideraten zu generieren.

Mit zunehmender Aschebeladung lässt sich beobachten, dass mit abnehmender Filtrationsoberfläche der Gradient der Filtrationseffizienz über dem Partikeldurchmesser immer stärker abnimmt. Dies ist besonders im oberen Teildiagramm von Abb. 6.43 zu erkennen. Mit zunehmender Aschebeladung verliert die Filtrationskurve ihren linearen Charakter. Die Erklärung liefert die mit zunehmender Aschebeladung ebenfalls zunehmende Porenverblockung bei Anstieg der Filtrationseffizienz der Substratwand. Hierbei steigt infolge der Porenverblockung sowohl der diffusive als auch der mechanische Abscheidegrad. Das Einsetzen eines mechanischen Abscheidemechanismusses nach dem Prinzip der Interzeption oder Impaktion lässt sich durch den Wechsel von linearem zu exponentiellem Charakter der Filtrationskurve erkennen.

Bei steigender Filtrationsoberfläche des Bauteils wird dieser Wechsel der Filtrationskurve von linearem zu exponentiellem Charakter immer schwächer und eine mechanische Abscheidung infolge geringer Filtrationsgeschwindigkeiten sehr unwahrscheinlich. Der OPF mit einer Porosität von 55 % zeigt hier keinerlei exponentiellen Charakter in den Filtrationskurven bei geringen Durchsätzen. Aufgrund der geringen mittleren Porengröße von 13 µm ist der diffusive Abscheidegrad so stark, dass dieser die totale Filtrationsrate dominiert und keine mechanische Filtration, nicht zuletzt durch die hohe Wandoberfläche, zum Vorschein kommt.

Anhand der unteren beiden Teildiagramme aller Ottopartikelfilter lassen sich weitere Phänomene erkennen. Zusätzlich zur Filtrationseffizienzsteigerung mit steigender Aschebeladung nimmt auch die am schlechtesten zu filternde Partikelgröße ab. Diese sogenannte „Most penetrating particle size (MPPS)" beschreibt den Partikeldurchmesser mit geringster Filtrationseffizienz und höchster Wandpenetration. Diese Partikelgröße nimmt mit steigender Aschebeladung und sinkender Wandoberfläche geringfügig ab.

Steigende Filtrationsgeschwindigkeiten lassen die diffusive Filtrationseffizienz schnell mit zunehmender Partikelgröße sinken und die Interzeption sowie die Impaktion schnell steigen. Je kleiner die Wandoberfläche umso stärker ist der Filtrationseffizienzanstieg bei großen Partikeln und hohen Aschebeladungen. Das neue Minimum der Filtrationseffizienz infolge Aschebeladung befindet sich auf einem höheren Abscheidegrad, jedoch bei einer geringeren Partikelgröße. Eine klare Tendenz der Abnahme der MPPS in Abhängigkeit der Ottopartikelfiltergröße oder der spezifischen Aschebeladung lässt sich in diesem Fall nicht erkennen. Anhand der obigen Abbildungen lässt sich aber erkennen, dass oberflächenreiche Ottopartikelfilter höhere Partikeldurchmesser für die MPPS aufweisen. Kleinere Ottopartikelfilter weisen geringere Werte für die MPPS auf, da die Trennung zwischen diffusivem und mechanischem Abscheidemechanismus bei geringeren Partikelgrößen stattfindet. Das Verhalten einer mit abnehmender Ottopartikelfiltergröße bzw. Wandoberfläche stärker abnehmenden MPPS wird aufgrund der Komplexität der Partikelmesstechnik inklusive Verdünnungseinheit in dieser Arbeit nicht beobachtet.

Weiterhin lässt das Filtrationsverhalten erkennen, dass die MPPS wie erwähnt eine Abhängigkeit von der Durchströmungsgeschwindigkeit aufweist. Im höchsten Lastpunkt in den unteren Teildiagrammen beginnen die Filtrationseffizienzen bei allen Aschebeladungen über der Partikelgröße früher zu steigen als im Lastpunkt bei einem Motordrehmoment von 100 Nm. Ab einem Partikeldurchmesser von ungefähr 30 nm ist ein Abfall der Filtrationseffizienz zu erkennen. Dieses Verhalten stellt sich wenn auch abgeschwächt mit einer Aschebeladung ein. Bei großen Ottopartikelfiltern ist zu erkennen, dass dieser Abfall einen weniger großen Gradienten aufweist. Im weiteren Verlauf bei höheren Partikeldurchmessern weisen Ottopartikelfilter mit großen Filtrationsoberflächen ab ihrer MPPS eine leichte Steigerung der Filtrationseffizienz auf.

Kleinere Ottopartikelfilter weisen in ihrem Filtrationsverlauf ein ausgeprägteres Minimum auf und steigen tendenziell schneller in der Filtrationseffizienz ab der MPPS als größere Bauteile. Die beobachteten Phänomene der Aschesensibilität zu Anfang dieses Kapitels lassen sich nur schwer wiederfinden. Dies hängt mit der Tatsache zusammen, dass die partikelgrößenbasierte Filtrationseffizienz nicht mit der totalen Filtrationseffizienz bei Verwendung zweier Particle Counter verglichen werden darf und sich das Partikelspektrum nach OPF aus dem vor OPF berechnet. Anhand beider Spektren muss die absolute Partikelanzahl berechnet werden. Erst dann darf ein Vergleich der Filtrationseffizienzen erfolgen.

Eine rechnerische Vorauslegung des partikelgrößenbasierten Filtrationsverhaltens stellt eine große Herausforderung dar. Große Ottopartikelfilter weisen neben einer höheren Grundfiltrationseffizienz auch größere Durchmesser für die MPPS auf sodass diese weit entfernt von hohen Partikelanzahlkonzentrationen im Spektrum ist. Die MPPS lässt sich ferner durch eine höhere Porosität und auch mittlere Porengröße, jedoch bei Einbußen in der Filtrationseffizienz, vergrößern.

Fazit

Die beschriebenen Untersuchungen lassen eine Aussage über das Filtrationsverhalten infolge Ascheakkumulation unterschiedlicher Ottopartikelfilter zu. Es wurde gezeigt, dass mit zunehmender Wandoberfläche eines Ottopartikelfilters dieser mit steigender Aschebeladung und steigender Reynoldszahl einen deutlich höheren Filtrationseffizienzanstieg generiert als ein OPF mit entsprechend geringer Wandoberfläche. Darüber hinaus offenbaren Ottopartikelfilter hohe Filtrationseffizienzen für kleine Rußpartikel. Mit sinkender Wandoberfläche und steigender Aschebeladung sinkt die MPPS. Dabei gilt es zu beachten, dass die MPPS von großen Ottopartikelfiltern auf einem höheren Niveau beginnt. In Anbetracht dieser allgemeinen Untersuchungen muss ein Übertrag der spezifischen Größen auf eine reale Anwendung erfolgen. Im Anschluss daran lässt sich bewerten wie hoch der zu erwartende Filtrationseffizienzanstieg in Abhängigkeit des OPF's ist und evtl. applikative Anpassungen an der Einspritzstrategie zur Erreichung eines Partikelanzahlgrenzwertes vornehmen.

6.3 Rußpartikeldepositionen in Ottopartikelfiltern

In Kapitel 6.1.1 wird erwähnt, dass Rußpartikeldepositionen auf Ottopartikelfilter mit unterschiedlichen Wandpermeabilitäten unterschiedliche Auswirkungen aufweisen können. Aufgrund dieser Tatsache wird in diesem Kapitel das Differenzdruck- und Filtrationsverhalten von OPF's mit unterschiedlichen Beschichtungen anhand dreier unterschiedlicher OPF-Geometrien untersucht. Tabelle 6.3 stellt die Versuchsteile dar:

Zur Evaluation der Auswirkungen von Rußpartikeldepositionen auf die Wandpermeabilität der Ottopartikelfilter wird mittels des in Kapitel 4.2 beschriebenen Simulationsmodells eine Variation der Wandpermeabilität der OPF-Geometrien von OPF#1, OPF#2 und OPF#3 durchgeführt. Die Wandpermeabilität wird von $500 \cdot 10^{-14}$ m² bis $2 \cdot 10^{-14}$ m² variiert. Die Beschichtung in OPF#4 und OPF#5 weist auf der Wand eine gewisse Stärke auf. Für eine Beschichtungsmenge von 50 g/l folgt eine Dicke von 36,5 µm, für 90 g/l folgen 67,4 µm und für 150 g/l folgt eine Dicke von 117,3 µm. Die Dicke der höchsten Beschichtungsmenge beträgt 18,5 % des Kanaldurchmessers. Diesen Berechnungen liegt eine Washcoatdichte von 1200 kg/m³ zugrunde.

Tabelle 6.3: Versuchsteile OPF#1 bis OPF#7

	OPF#1	OPF#2	OPF#3	OPF#4	OPF#5	OPF#6	OPF#7
Durchmesser [Zoll]/ Länge [Zoll]	4,662/ 6,00	5,20/ 4,00	5,662/ 6,00	4,662/ 6,00	5,20/ 4,00	4,662/ 6,00	5,20/ 4,00
Zelligkeit [CPSI]/ Wandstärke [mil]	300/8	300/8	200/8	300/8	300/8	300/8	300/8
Porosität [%]	65	65	55	65	65	65	65
Porendurchmesser d_{50} [µm]	20	20	13	20	20	20	20
Beschichtungsart	Ohne	Ohne	Ohne	On wall	On wall	In wall	In wall

	Beschichtung Einlasskanal [Länge/ Menge]	Beschichtung Auslasskanal [Länge/ Menge]
OPF#4	Länge 2,50 Zoll / Menge 150 g/l	Länge 3,75 Zoll / Menge 90 g/l
OPF#5	Länge 2,0 Zoll / Menge 50 g/l	Länge 2,00 Zoll / Menge 50 g/l
OPF#6	75 g/l vollständig auf ganzer Länge in der Substratwand	
OPF#7	50 g/l vollständig auf ganzer Länge in der Substratwand	

Aufgrund des geringen maximalen Differenzdrucks von 25 hPa ist der Differenzdruckanstieg infolge sich auf der Substratwand aufbauender Ablagerungen und folgender Kanalverengung als gering einzustufen und eine geometrische Modellierung dieser Schicht kann vernachlässigt werden.

Im weiteren Verlauf dieses Kapitels wird vorgestellt wie die Rußschichtstärke berücksichtigt wird ohne sie geometrisch modellieren zu müssen. Dabei wird jede Permeabilitätsveränderung infolge Ruß- und Ascheakkumulation sowie der Beschichtung auf die Änderung der Wandpermeabilität der Substratwand selbst zurückgeführt. Die Berechnungsergebnisse infolge der Variation der Wandpermeabilität werden durch Abb. 6.47 dargestellt.

Der Differenzdruck aller OPF's weist eine starke Abhängigkeit von der Wandpermeabilität auf. Ab einer Wandpermeabilität von kleiner als $50 \cdot 10^{-14}$ m² tritt ein nennenswerter Differenzdruckanstieg ein. OPF#3 weist den größten, OPF#1 den geringsten relativen Differenzdruckanstieg mit sinkender Permeabilität auf. Dieses Verhalten lässt sich anhand der spezifischen Wandoberflächen bezüglich Volumen der Ottopartikelfiltergeometrien erklären. Mit sinkender spezifischer Wandoberfläche steigt der Anteil des Wanddruckverlusts und eine Variation der Wandpermeabilität hat größere Auswirkungen auf den gesamten Differenzdruck des Substrates. Die in Abb. 6.47 dargestellten Simulationsergebnisse bilden die Basis sämtlicher Berechnungen in diesem Teilkapitel. Zur Eliminierung der groben Rasterung der Wandpermeabilität werden die Simulationsergebnisse einer Regression unterzogen. Die Regression wird anhand folgender Gleichung durchgeführt:

$$\Delta P_{OPFSim} = e^{a_{regrSim} + \frac{b_{regrSim}}{K_{WallSim}} + c_{regrSim} \cdot \ln(K_{WallSim})}, mit \ K_{WallSim} \ in \ [10^{-14} \ m^2] \qquad \text{(Gl. 6.20)}$$

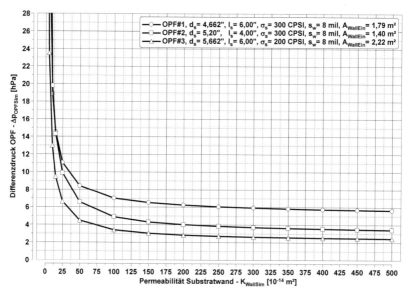

Abb. 6.47: Berechnungsergebnisse von OPF#1, OPF#2 und OPF#3 bei Variation der Wandpermeabilität

Die drei Regressionsparameter werden für jeden Ottopartikelfilter bestimmt und sind anhand von Tabelle 6.4 dargestellt:

Tabelle 6.4: Regressionsparameter Simulation Differenzdruck in Abhängigkeit der Permeabilität der Substratwand

OPF#1	OPF#2	OPF#3
$a_{regrSimOPF\#1}= 2,03023$	$a_{regrSimOPF\#2}= 3,749$	$a_{regrSimOPF\#3}= 3,23406$
$b_{regrSimOPF\#1}= 10,5402$	$b_{regrSimOPF\#2}= 3,01164$	$b_{regrSimOPF\#3}= 3,18448$
$c_{regrSimOPF\#1}= -0,039033$	$c_{regrSimOPF\#2}= -0,474711$	$c_{regrSimOPF\#3}= -0,441563$

Parallel zur Bewertung des Verhaltens von frischen Ottopartikelfiltern bei einer Rußpartikeleinlagerung wird dieses Verhalten auch mit einer Aschebeladung untersucht. Mittels des in Kapitel 5.2 beschriebenen Schnellveraschungsverfahrens werden die Bauteile in Schritten von 10 g Asche bis zu einer Aschemasse von 20 g beladen. Nach jedem Veraschungsschritt und im Zustand ohne Asche wird das Differenzdruck- und Filtrationsverhalten infolge Rußbeladung ermittelt. Dieses Verhalten wird durch die folgenden sieben Diagramme (siehe Abb. 6.48 bis Abb. 6.54) dargestellt.

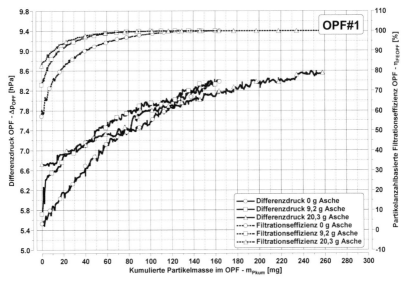

Abb. 6.48:   Differenzdruck- und Filtrationsverhalten in Abhängigkeit der Ruß- und
Aschebeladung bei OPF#1

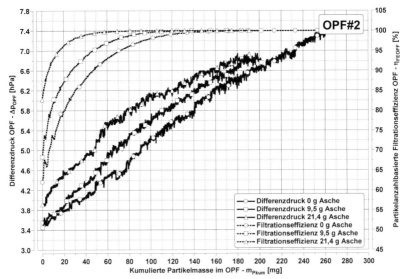

Abb. 6.49:   Differenzdruck- und Filtrationsverhalten in Abhängigkeit der Ruß- und
Aschebeladung bei OPF#2

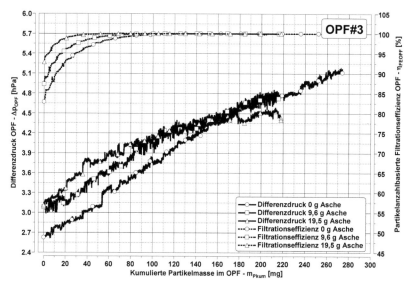

Abb. 6.50: Differenzdruck- und Filtrationsverhalten in Abhängigkeit der Ruß- und Aschebeladung bei OPF#3

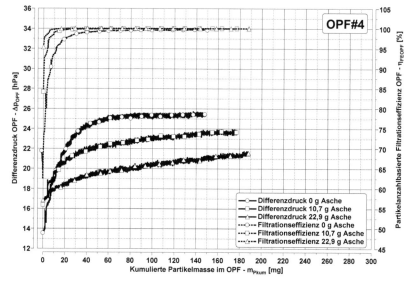

Abb. 6.51: Differenzdruck- und Filtrationsverhalten in Abhängigkeit der Ruß- und Aschebeladung bei OPF#4

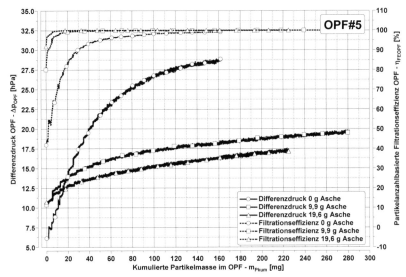

Abb. 6.52:   Differenzdruck- und Filtrationsverhalten in Abhängigkeit der Ruß- und
Aschebeladung bei OPF#5

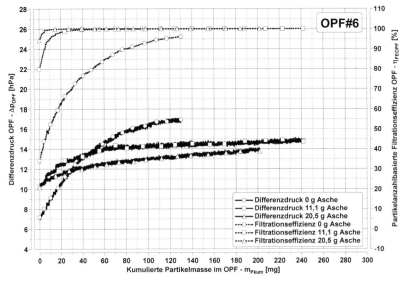

Abb. 6.53:   Differenzdruck- und Filtrationsverhalten in Abhängigkeit der Ruß- und
Aschebeladung bei OPF#6

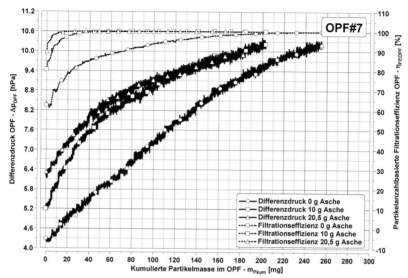

Abb. 6.54:   Differenzdruck- und Filtrationsverhalten in Abhängigkeit der Ruß- und Aschebeladung bei OPF#7

Anhand von Abb. 6.48 bis Abb. 6.54 ist zu beobachten, dass die Ottopartikelfilter unterschiedliche Differenzdruckverläufe in Abhängigkeit der Rußbeladung aufweisen. OPF#1 bis OPF#3 weisen einen linearen Differenzdruckanstieg infolge der Rußakkumulation auf. Die Filtrationseffizienz bei OPF#1 und OPF#2 beginnt bei ca. 60 % und nimmt infolge der Rußeinlagerung stetig zu und erreicht bei einer Rußmasse von ca. 120 mg 100 %. OPF#3 weist bedingt durch sein feineres Porengefüge mit 13 µm mittlerer Porengröße eine höhere anfängliche Filtrationseffizienz auf. Weiterhin beträgt die Filtrationseffizienz bei ca. 100 mg bis 120 mg Rußmasse nahezu 100 %.

Die Ottopartikelfilter mit Washcoatbeschichtung auf der Filterwand (OPF#4 und OPF#5) weisen im aschefreien Zustand einen ausgeprägten Tiefenfiltrationseffekt auf. Dabei ist sowohl der relative- als auch der absolute Differenzdruckanstieg infolge Rußeinlagerung bei OPF#5 am größten. Die effiziente Frischfiltration von 75 % bei OPF#4 sowie ihr rapider Anstieg mit einer Rußbeladung lässt sich durch die dicke Washcoatschicht auf der Wand und das damit einhergehende reduzierte Porenvolumen infolge Verblockung erläutern.

Das Differenzdruck- und Filtrationsverhalten von Ottopartikelfiltern mit Washcoatbeschichtung in der Substratwand ist im Fall von OPF#6 durch einen ausgeprägten Tiefenfiltrationseffekt mit einer Filtrationsrate von anfänglich 35 % gekennzeichnet wohingegen OPF#7 ein ähnliches Verhalten wie unbeschichtete OPF's aufweist. Der lineare Differenzdruckanstieg von OPF#7 geht einher mit einer Filtrationseffizienz von 60 % im Frischzustand, welche bei einer Rußbeladung von 180 mg nahezu 100 % erreicht.

Es zeigt sich eine klare Abhängigkeit der frischen Filtrationseffizienz von der Beschichtungsart- und -menge. Geringe Beschichtungsmengen und Washcoatbeschichtungen in der Substratwand führen zu einer Abnahme des resultierenden Porendurchmessers.

Dies begünstigt zum einen die Filtrationsrate, führt jedoch auch zu höheren Strömungsgeschwindigkeiten in der Wand, welche zu einer Überkompensation führen und eine Abnahme der Filtrationseffizienz bewirken. Hohe Beschichtungsmengen blockieren das Porengefüge offenbar derart stark, dass die Filtrationseffizienz steigt.

Das Differenzdruckverhalten im Zustand ohne Asche zeigt einen linearen Differenzdruckanstieg für unbeschichtete OPF's und einen zum Teil extremen Tiefenfiltrationseffekt für moderat beschichtete Bauteile. Dieses Verhalten lässt die Vermutung zu, dass die Differenzdruckzunahme infolge Rußakkumulation von der Permeabilität der Wand abhängig ist. Hierbei wird die aus Substratwand und Beschichtung kombinierte Permeabilität betrachtet. Die Washcoatschicht wird geometrisch nicht modelliert, sondern in einer entsprechend kleineren Wandpermeabilität berücksichtigt indem die Permeabilität so lange variiert wird bis Messung und Simulation übereinstimmen. Die differenzdruckbezogene Reaktion eines OPF's auf Ruß ist in zwei Effekte zu gliedern. Zum einen muss bekannt sein, wie sich der Differenzdruck in Abhängigkeit der Wandpermeabilität ändert und zum anderen bedarf es der Kenntnis der kombinierten Permeabilität aus Substratwand und Ruß infolge Rußbeladung. Dieses Verhalten der Permeabilität kann unter Zuhilfenahme der experimentellen und simulativen Ergebnisse beschrieben werden. Hieraus lässt sich die Rußpermeabilität extrahieren.

Der gemessene Differenzdruck wird mit der Regressionsgleichung des simulierten Differenzdrucks in Abhängigkeit der Wandpermeabilität gleichgesetzt und nach $K_{WallSim}$ aufgelöst:

$$\Delta P_{OPF}(m_{Pkumspez}) = e^{a_{regrSim} + \frac{b_{regrSim}}{K_{WallSim}} + c_{regrSim} \cdot \ln(K_{WallSim})}$$

$$\Rightarrow ln\big(\Delta P_{OPF}(m_{Pkumspez})\big) = a_{regrSim} + \frac{b_{regrSim}}{K_{WallSim}} + c_{regrSim} \cdot \ln(K_{WallSim}) \tag{Gl. 6.21}$$

$$\text{mit } m_{Pkumspez} = \frac{m_{Pkum}}{WallEin}$$

Dieser Zusammenhang lässt sich nur unter Verwendung der lambertschen W-Funktion, abgekürzt W(z), lösen. Der Ausdruck LambertW(z) bezeichnet die lambertsche W-Funktion, welche die Umkehrfunktion zu $f(z) = ze^z$ darstellt. Für die Funktion gilt: (65)

$$z = W(z)e^{W(z)}, \text{mit } z \in \mathbb{C} \tag{Gl. 6.22}$$

Für die Lösung von Gl. 6.21 folgt unter der Verwendung der Software Maple 18 (64):

$$K_{WallSim} = e^{\frac{W\left(\frac{b_{regrSim}e^{\frac{a_{regrSim} - \ln\big(\Delta P_{OPF}(m_{Pkumspez})\big)}{c_{regrSim}}}}{c_{regrSim}}\right) c_{regrSim} - a_{regrSim} + \ln\big(\Delta P_{OPF}(m_{Pkumspez})\big)}{c_{regrSim}}} \tag{Gl. 6.23}$$

Anhand von Gl. 6.23 kann für jeden OPF der Verlauf der berechneten Wandpermeabilität in Abhängigkeit der spezifischen oberflächenbezogenen Rußmasse dargestellt werden, da der Differenzdruck der Ottopartikelfilter eine Funktion der spezifischen eingelagerten Rußmasse im OPF $m_{Pkumspez}$. ist. Die berechnete Wandpermeabilität wird einer Regression mit folgender Gleichung unterzogen:

$$K_{WallSim} = \frac{a_{regrSimWall}}{1 + b_{regrSimWall}e^{-c_{regrSimWall}m_{Pkumspez}}}, \text{mit } K_{WallSim} \text{ in } [10^{-14} m^2] \tag{Gl. 6.24}$$

Tabelle 6.5 stellt die Regressionsparameter der verschiedenen OPF's dar.

Tabelle 6.5: Regressionsparameter Wandpermeabilität in Abhängigkeit der spezifischen Rußbeladung

	OPF#2	OPF#3	OPF#4
$a_{regrSimWall}$	-51,7429	-10,2703	8,22433
$b_{regrSimWall}$	-1,2541	-1,05514	-0,473073
$c_{regrSimWall}$	-0,00307053	-0,001365	0,133005

	OPF#5	OPF#6	OPF#7
$a_{regrSimWall}$	6,38845	11,511	-2,47611
$b_{regrSimWall}$	-0,917854	-0,901093	-1,01761
$c_{regrSimWall}$	0,133005	0,0285759	0,00045679

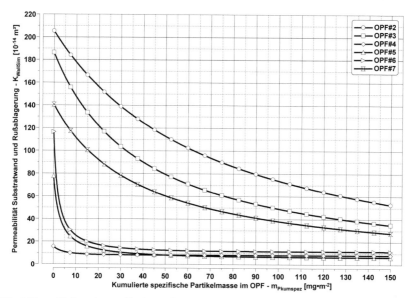

Abb. 6.55: Einfluss der spezifischen Rußbeladung auf die Wandpermeabilität von OPF#2 bis OPF#7

Gemäß Abb. 6.55 lassen sich 3 Gruppen von Ottopartikelfiltern mit ähnlichem Verhalten bilden. Die erste Gruppe bildet OPF#4, die zweite wird durch OPF#5 und OPF#6 gebildet. Die letzte Gruppe bildet OPF#2, OPF#3 sowie OPF#7. Anhand von Tabelle 6.3 weisen alle Ottopartikelfilter, bis auf OPF#3, eine identische Wandpermeabilität der Substratwand im frischen Zustand auf.

Die Wandpermeabilität des Systems aus Substratwand und Washcoatbeschichtung ist aufgrund der Beschichtungsmenge- und Art verschieden, wodurch jedes Bauteil im frischen Zustand ohne Rußbeladung eine eigene Wandpermeabilität aufweist. OPF#1 ist in Abb. 6.55 nicht dargestellt. Die Wandpermeabilität dieses Bauteils beträgt im frischen Zustand ca. $1000 \cdot 10^{-14}$ m².

Diese Wandpermeabilität ist vergleichsweise hoch. Abb. 6.47 zeigt, dass für OPF#1 die Differenzdruckänderung bei Permeabilitäten größer 300•10-14 m² sehr gering ist. Aufgrund der Tatsache, dass das obere Diagramm auf Berechnungs- und Messergebnissen gleichermaßen basiert kann ein sehr kleiner Messfehler, z.b. am Drucksensor, zu einer großen Schwankung der berechneten Wandpermeabilität führen. Dies trifft in geringem Maße auf alle Ottopartikelfilter zu. Die in Kapitel 6.2.1 ermittelten Wandpermeabilitäten bei einer Rußbeladung von 0 g•m-2 werden hier nicht wiedergefunden. Grund für dieses Verhalten sind sehr kleine Messfehler am Drucksensor und der geringe Differenzdruck. Weiterhin wird ab einer Permeabilität 100•10-14 m² gemäß Abb. 6.47 ein sehr geringer Differenzdruckabfall registriert, wodurch ein geringer Differenzdruckunterschied einen enormen Wandpermeabilitätsunterschied mit sich zieht.

Es wird ersichtlich, dass mit zunehmender Startpermeabilität, welche bei einer spezifischen Rußbeladung von 0 mg•m⁻² abzulesen ist, die Wandpermeabilitätsänderung infolge Rußakkumulation steigt. Ein sehr hoch beschichteter Ottopartikelfilter mit einer sehr geringen Startpermeabilität weist infolge einer Rußdeposition eine nur sehr geringe Änderung seiner Wandpermeabilität auf, wohingegen ein unbeschichtetes Bauteil eine sehr große Wandpermeabilitätsänderung erfährt.

Dieses Verhalten lässt sich durch folgende Theorie stützen. Unter der Annahme, dass die Permeabilität einer Rußablagerung um ein Vielfaches kleiner ist als die Wandpermeabilität eines Ottopartikelfilters, so verändert diese Rußablagerung auch den Durchströmungswiderstand der porösen Substratwand. Umso höher der Durchströmungswiderstand der porösen Wand ist, umso geringer wird die Veränderung dieses Parameters infolge einer Rußdeposition da die Rußablagerungspermeabilität den Grenzwert der Wandpermeabilität definiert. Bei geringen Durchströmungswiderständen infolge hoher Wandpermeabilitäten wirkt sich dieser Effekt weitaus stärker aus.

Gemäß Abb. 6.55 weisen OPF#2, OPF#3 und OPF#7 die größte Änderung ihrer Permeabilität auf ohne einen Tiefenfiltrationseffekt zu zeigen. Der Grund hierfür ist, dass die mit der Rußpartikelablagerung einhergehende große Permeabilitätsänderung keinen signifikanten Differenzdruckanstieg zur Folge hat. Abb. 6.47 zeigt, dass erst ab einer Wandpermeabilität von kleiner als 25•10⁻¹⁴ m² ein signifikanter Differenzdruckanstieg auftritt.

Die zweite definierte Gruppe, charakterisiert durch OPF#5 und OPF#6, zeigt ein anderes Verhalten. Beide Bauteile weisen eine enorme Abnahme der Wandpermeabilität auf, welche mit dem auftretenden Tiefenfiltrationseffekt korreliert. Ab ca. 50 mg/m² nimmt der Permeabilitätsgradient entscheidend ab und es erfolgt keine signifikante Permeabilitätsänderung.

Der hoch beschichtete Ottopartikelfilter, OPF#4, zeigt die geringste Permeabilitätsveränderung. Trotz dieser Tatsache ist bei diesem Bauteil, gemäß Abb. 6.51, ein ausgeprägter Tiefenfiltrationseffekt ohne Aschebeladung zu beobachten.

Die beschriebenen Beobachtungen der sechs verschiedenen OPF's lassen keine eindeutige Schlussfolgerung, bezüglich des Auftretens eines Tiefenfiltrationseffektes in Abhängigkeit der Permeabilitätsveränderung infolge Rußbeladung, zu. Zur weiteren Untersuchung dieses Verhaltens muss der Durchströmungswiderstand bzw. die Permeabilität der Rußablagerungen bestimmt werden. Hierzu werden folgende Annahmen getroffen:

• Es erfolgt keine Separation zwischen Rußpartikeln, welche sich im Inneren der Substratwand und auf der Substratwand abgelagert haben.
• Die Dicke der Rußschicht wird im Simulationsmodell nicht berücksichtigt.
• Der Ruß lagert sich mit homogener Dicke auf der Substratwand ab.

Die Rußdicke wird durch die folgende Gleichung bestimmt:

$$d_{soot} = \frac{m_{Pkumspez}}{\rho_{carbon}(1 - \varepsilon_{soot})}$$ (Gl. 6.25)

In der obigen Gleichung bezeichnet d_{soot} die Schichtdicke der Rußablagerungen, ρ_{carbon} die Reindichte von elementarem Kohlenstoff und ε_{soot} die Porosität der Rußablagerungen. Die Reindichte von elementarem Kohlenstoff beträgt 2300 kg/m³ und die Porosität der Rußablagerungen wird laut Konstandopoulos et al. für Dieselruß zu 0,93 angenommen (66) (46).

Anhand der Dicke der Rußablagerungen und der Veränderung der Permeabilität aus Substratwand und Rußbeladung kann die Rußpermeabilität berechnet werden, wenn die Rußablagerung auf der Substratwand als ein System aus in Reihe geschalteten Einzelpermeabilitäten nach Gl. 6.4 betrachtet werden. Die Wanddickenerhöhung infolge Rußbeladung wird vernachlässigt und es folgt:

$$K_{WallSim} = \frac{s_w}{\dfrac{s_w}{K_{WallStart}} + \dfrac{d_{soot}}{K_{soot}}}$$ (Gl. 6.26)

Aus dieser Gleichung folgt die Rußpermeabilität zu:

$$K_{soot} = \frac{d_{soot}}{\dfrac{s_w}{K_{WallSim}} + \dfrac{s_w}{K_{WallStart}}}$$ (Gl. 6.27)

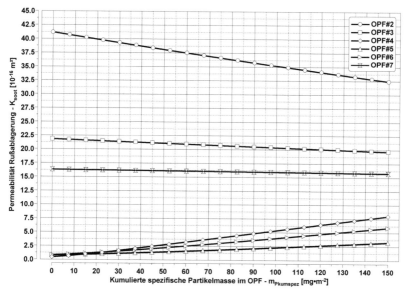

Abb. 6.56:   Permeabilität der Rußablagerungen in OPF#2 bis OPF#7 in Abhängigkeit der spezifischen Rußbeladung

Die Rußpermeabilität in Abhängigkeit der Rußbeladung von OPF#2 bis OPF#7 stellt Abb. 6.56 dar. Es fällt auf, dass Ottopartikelfilter nur einen Tiefenfiltrationseffekt aufweisen, wenn sie eine steigende Rußpermeabilität mit steigender spezifischer Rußbeladung aufweisen. Die sehr geringen Rußpermeabilitäten bei OPF#4, OPF#5 und OPF#6 bei geringen Rußbeladungen weisen darauf hin, dass sich der Ruß in diesen Fällen mit einem anderen Depositionsmuster ablagert. In diesem Fall liegt die Vermutung eines vorherrschenden Tiefenfiltrationsmechanismusses nahe.

Der Ruß lagert sich im Inneren der Poren der Substratwand, sowie in den feinen Poren der Beschichtung ab. Die räumliche Enge der Poren selbst führt zu einer sehr dichten und feinporigen Rußdeposition mit hohem Durchströmungswiderstand bei gesteigerten Strömungsgeschwindigkeiten in den Poren selbst. Die damit einhergehenden höheren aerodynamischen Kräfte an den Partikeln führen zu einer dichten Rußablagerung. Mit steigender Rußbeladung werden immer mehr Rußpartikel auf der Wandoberfläche abgeschieden. Die geringeren Geschwindigkeiten sorgen für eine weniger dichte Ablagerung der Partikel und eine Zunahme der Rußablagerungspermeabilität.

Die Rußablagerungen in OPF#2 weisen eine mit zunehmender Rußbeladung abnehmende Permeabilität auf. Bei den Ottopartikelfiltern, welche keinen Tiefenfiltrationseffekt aufweisen ist nicht ausgeschlossen, dass sich die Rußpartikel in der Substratwand ablagern. Da diese Bauteile entweder keine Beschichtung oder eine geringe Beschichtungsmenge aufweisen, werden die Poren in den Substratwänden nicht signifikant verblockt. Daraus resultiert ein hohes Partikeleinlagerungsvermögen im Inneren des Porengefüges. Mit zunehmender Rußbeladung wird die resultierende Porengröße bei OPF#2 immer kleiner.

Mit steigender Beladung der Poren werden die Rußablagerungen mit sinkender Permeabilität immer dichter, da mit steigender Verblockung auch die Strömungsgeschwindigkeit steigt und die Partikel höheren aerodynamischen Kräften unterliegen. Im Anschluss an diese Phase würde die Filtration der Rußpartikel an der Oberfläche der Substratwand beginnen. Jedoch reichen die spezifischen Rußbeladungen von 150 mg/m² nicht aus um die Poren in den Wänden von OPF#2 vollständig zu füllen. Grundlage für diese Aussage bildet eine Berechnung des Rußvolumens mit einer Ablagerungsporosität von 0,93 und einer Rußdichte von 2300 kg/m³. Mit steigender Rußbeladung über 150 mg/m² hinaus wird analog zu OPF#4, OPF#5 und OPF#6 aufgrund der beginnenden Oberflächenfiltration eine Zunahme der Rußpermeabilität erwartet. Dieses Verhalten kann aufgrund der geringen eingelagerten Rußmasse im Test nicht eindeutig bewiesen werden.

Bei OPF#3 und OPF#7 wird keine Abnahme der Rußablagerungspermeabilität beobachtet. Offenbar sind diese Poren bereits so klein, oder im Fall von OPF#7 so stark verblockt, dass eine weitere Porenverblockung durch Ruß keine nennenswerte Senkung seiner Permeabilität verursacht. Auch hier wird erwartet, dass nach Ende der Tiefenfiltrationsphase die Permeabilität der Rußablagerungen infolge der Oberflächenfiltration steigt.

Die Untersuchungen lassen keine Aussage darüber zu, ob eine Partikeleinlagerung in die Substratwand zu einem Tiefenfiltrationseffekt mit starkem Differenzdruckgradienten bei geringer Rußbeladung führt. Die Kenntnis über die Ablagerungspermeabilität der Rußdepositionen ist zwingend erforderlich. Hinzukommen muss das Differenzdruckverhalten des Ottopartikelfilters in Abhängigkeit seiner Wandpermeabilität, gemäß Abb. 6.47, bekannt sein.

In jedem Fall werden sich Partikel auch in der Substratwand ablagern. Ausschlaggebend für das Auftreten eines Tiefenfiltrationseffektes ist jedoch die Tatsache, wie stark die Rußpartikeleinlagerung die Permeabilität der Substratwand beeinflusst.

Bei unbeschichteten OPF's mit großen Poren und hoher Wandpermeabilität nimmt die Ablagerungspermeabilität mit steigender Rußbeladung ab, wohingegen diese bei moderater Permeabilität näherungsweise konstant bleibt und bei hoch beschichteten Bauteilen mit geringer Wandpermeabilität und kleinen Poren kontinuierlich steigt.

Darüber hinaus wird anhand von Abb. 6.48 bis Abb. 6.54 auch das Differenzdruck- und Filtrationsverhalten infolge Rußakkumulation mit unterschiedlichen Aschebeladungen dargestellt. Dies soll im Folgenden näher thematisiert werden. Anhand der Messergebnisse von OPF#4 sowie OPF#5 und OPF#6 ist erkennbar, dass diese Bauteile mit einer gewissen Aschebeladung einen schwächeren Tiefenfiltrationseffekt zeigen und einen Differenzdruckvorteil generieren. Dieser Vorteil wird nur bei Bauteilen mit ausgeprägtem Tiefenfiltrationseffekt im frischen, unveraschten Zustand beobachtet.

Zu diesem Zweck muss die aus Beschichtungsmenge sowie Asche- und Rußbeladung zusammengesetzte Wandpermeabilität gemäß Abb. 6.55 betrachtet werden. Abb. 6.57 stellt die berechnete Wandpermeabilität in Abhängigkeit der spezifischen Rußbeladung für die drei verschiedenen Veraschungsstufen der Ottopartikelfilter dar.

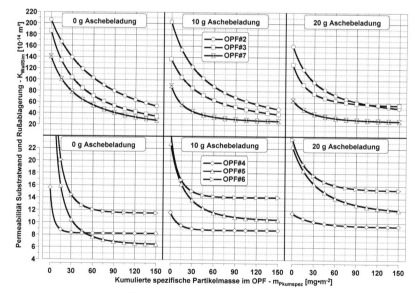

Abb. 6.57: Einfluss der spezifischen Rußbeladung auf die Wandpermeabilität von OPF#2 bis OPF#7 bei unterschiedlicher Aschebeladung

Die drei oberen Diagramme in Abb. 6.57 stellen das erwähnte Verhalten für OPF#2, OPF#3 und OPF#7 dar, wohingegen die unteren drei Diagramme in Abb. 6.57 aus Gründen der Übersichtlichkeit dieses Verhalten für OPF#4, OPF#5 und OPF#6 darstellen.

Mit zunehmender Aschebeladung nimmt die resultierende Wandpermeabilität gemäß den drei oberen Teildiagrammen ab. Dabei sinkt der gesamte Permeabilitätsverlauf kontinuierlich in Abhängigkeit der spezifischen Rußbeladung für steigende Aschebeladungen. Offenbar werden durch die Aschebeladung die Poren leicht verstopft. Eine hinzukommende Deposition von Ruß verstärkt den Effekt der Porenverblockung woraufhin die Permeabilität sukzessive sinkt und der Differenzdruck des Ottopartikelfilters steigt.

Hoch beschichtete OPF's mit niedrigen Wandpermeabilitäten, in diesem Fall OPF#4, OPF#5 und OPF#6, weisen ein anderes Verhalten auf. Im rußfreien Zustand nimmt die resultierende Wandpermeabilität mit zunehmender Aschebeladung ab und der Differenzdruck steigt an. Wird das mit Asche beladene Bauteil nun mit Rußpartikeln beladen, so sinkt die Permeabilität der Wand ab und der Differenzdruck des Ottopartikelfilters steigt an. Mit zunehmender Rußbeladung wird das Permeabilitätsniveau des unveraschten Zustands nicht erreicht und es wird ein Differenzdruckvorteil generiert. Diesbezüglich werden anhand der Diagramme in Abb. 6.58 die Rußablagerungspermeabilitäten der OPF's mit Aschebeladung dargestellt.

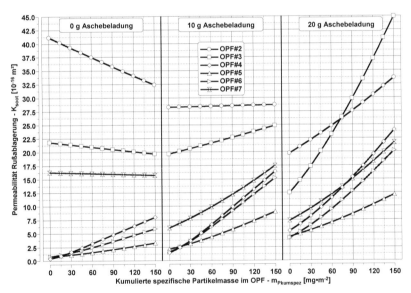

Abb. 6.58:   Permeabilität der Rußablagerungen in OPF#2 bis OPF#7 in Abhängigkeit der spezifischen Rußbeladung bei unterschiedlichen Aschebeladungen

Das linke Teildiagramm beschreibt die Rußpermeabilitäten bei einer Aschebeladung von 0 g, das mittlere Diagramm selbige bei 10 g Aschebeladung und das Teildiagramm auf der rechten Seite die Rußpermeabilitäten mit 20 g Aschebeladung. Wie aus Abb. 6.58 ersichtlich ist, sinkt bei geringen Rußbeladungen mit steigender Aschebeladung die Rußpermeabilität für Ottopartikelfilter mit hoher Startpermeabilität. Dabei weist die Rußpermeabilität von OPF#2 ohne Aschebeladung eine sinkende Tendenz, mit 10 g Aschebeladung eine steigende Tendenz und mit 20 g Aschebeladung eine stark steigende Tendenz auf. Dieses Verhalten gilt sinngemäß ebenfalls für OPF#3 und OPF#7.

Der Umkehrpunkt von fallender zu steigender Rußpermeabilität in Abhängigkeit der Rußbeladung befindet sich bei OPF#2 bei ca. 10 g Asche. Die Aschebeladung dieses Umkehrpunktes hängt von der OPF-Geometrie selbst sowie von seiner Wandpermeabilität ab. Mit fallender Wandpermeabilität verschiebt sich dieser Umkehrpunkt zu immer geringeren Aschebeladungen. Dabei ist zu beachten, dass OPF#7 mit zunehmender Aschebeladung gemäß Abb. 6.54 einen immer stärkeren Tiefenfiltrationseffekt zeigt da die Startpermeabilität und die daraus resultierende Rußpermeabilität niedrig genug ist. Der Rußpermeabilitätsverlauf ist anhand von Abb. 6.58 sehr ähnlich zu den Verläufen von OPF#4, OPF#5 und OPF#6.

Bei sehr geringer Permeabilität ist das Partikeleinlagerungsvolumen bereits so klein, dass mit steigender Rußbeladung sofort ein Anstieg der Rußpermeabilität verzeichnet wird und sich die Partikel sehr schnell auf der Wand ablagern. Umso höher das Partikeleinlagerungsvolumen des OPF's ausfällt, umso wahrscheinlicher wird eine fallende Rußpermeabilität mit steigender Rußbeladung bei geringen Aschebeladungen, was auf fortschreitende Porenverblockung zurückzuführen ist.

Infolge einer Rußakkumulation werden diese Poren schneller gefüllt und der Ruß lagert sich auf der Substratwand und Ascheschicht ab. Befindet sich eine Aschebeladung im Bauteil, so sind die Poren bereits zu einem gewissen Teil verblockt und der Ruß lagert sich auf der Asche ab. Dies führt zu einer mit steigender Rußbeladung steigenden Rußpermeabilität.

Ottopartikelfilter, welche geringe Wandpermeabilitäten aufweisen, zeichnen sich durch ein mit zunehmender Aschebeladung zunehmendes Permeabilitätsniveau der Rußablagerungen aus. Dabei steigt auch der Gradient der Rußpermeabilität, da sich mit zunehmender Aschebeladung die Rußpartikel auf der Asche weniger dicht ablagern als im unveraschten Porengefüge der Substratwand und Beschichtung. Ein weiterer Effekt ist anhand des rechten Teildiagramms erkennbar und dadurch gekennzeichnet, dass mit steigender Aschebeladung die Ablagerungspermeabilität der Rußpartikel der unterschiedlichen OPF's immer identischer ausfällt. Der Einfluss der Substratwand wird in diesem Fall immer geringer, da sich der Ruß nur noch auf der Ascheschicht ablagert. Der Einfluss der Substratgeometrie und Porenspezifikation wird jedoch nie ganz verschwinden.

Die auf der rechten y-Achse in Abb. 6.48 bis Abb. 6.54 dargestellte Filtrationseffizienz zeigt keine direkte Abhängigkeit von der Permeabilität der Substratwand. Es lässt sich jedoch die direkte Aussage treffen, dass die Partikelabscheidewahrscheinlichkeit mit zunehmender Asche- als auch Rußbeladung des Ottopartikelfilters zunimmt.

Die Rußdeposition ist durch einen wesentlich stärkeren Einfluss auf das Differenzdruck- und Filtrationsverhalten gekennzeichnet als eine Aschedeposition. Weiterhin nimmt die Filtrationseffizienz bei Verkleinerung der mittleren Porengröße zu, wie es anhand der Filtrationseffizienz in Abhängigkeit der Rußbeladung zwischen OPF#2 und OPF#3 zu erkennen ist.

Mit sehr hohen Beschichtungsmengen von bis zu 150 g/l ist eine sehr effiziente Partikelabscheidung infolge fortgeschrittener Porenverblockung verbunden. Moderate Beschichtungsmengen analog zu OPF#5 und OPF#6 weisen im frischen Zustand wie erwähnt Schwächen auf. Zwar folgt die Filtrationseffizienz grundsätzlich dem Verhalten des Differenzdrucks wie z.B. einem Filtrationsratenanstieg infolge Ruß- oder Ascheakkumulation jedoch weist sie keine direkte Abhängigkeit von der Permeabilität der Substratwand auf. Hierfür ist viel mehr die Form und Ausprägung der Poren innerhalb der Wand verantwortlich. Zur Durchführung von Berechnungen muss ein repräsentativer Anteil der Substratwand gescant werden um in ein Simulationsmodell überführt werden zu können.

Fazit

Die Untersuchungen zeigen, dass das Auftreten eines Tiefenfiltrationseffektes nicht zwangs-läufig mit der Rußpartikeldeposition in der Substratwand verbunden ist. Das Auftreten eines solchen Effektes hängt ganz entscheidend davon ab, wie die Permeabilität der Substratwand durch eine Rußeinlagerung beeinflusst wird. OPF's mit geringer Wandpermeabilität offenbaren einen Tiefenfiltrationseffekt im Zustand ohne Asche, wohingegen Bauteile mit moderater Per-meabilität dieses Verhalten mit einer Aschebeladung erahnen lassen (OPF#7) und es für unbe-schichtete OPF's nicht zu beobachten ist.

Mit steigender Aschebeladung gleichen sich die Rußablagerungspermeabilitäten der unter-schiedlichen OPF's immer mehr aneinander an, da die Rußablagerungspermeabilität immer stärker durch die Ascheablagerungen und weniger durch das Bauteil selbst beeinflusst wird.

Diese Effekte führen dazu, dass sich bei Bauteilen mit hohen Beschichtungsmengen und gerin-gen Aschebeladungen ein Differenzdruckvorteil generieren lässt.

Eine wichtige Erkenntnis ist, dass mit zunehmender Laufleistung des Fahrzeugs und steigender Aschebeladung des OPF's die Ablagerungspermeabilität der Rußpartikel bei unterschiedlichen Bauteilen immer ähnlicher wird was einen Übertrag des Differenzdruckverhaltens infolge Ruß-akkumulation ermöglicht. Aus diesem Grund sind signifikant unterschiedliche Rußdepositions-permeabilitäten nur bei unveraschten Ottopartikelfiltern mit unterschiedlichen Startpermeabili-täten bzw. Porengefügen und Beschichtungen in der Systemauslegung zu berücksichtigen.

Aufgrund von Rußregenerationen kann der Abgasgegendruck der Abgasanlage erheblich schwanken. Dieser muss zum einen durch die Füllungserfassung, die Höhenreserve des Abgas-turboladers und das Brennverfahren aufgefangen werden. Zudem besteht die Schwierigkeit in Abhängigkeit der Rußbeladung ein dynamisches Differenzdruckkriterium zur Einleitung der Rußregeneration zu definieren.

7 Zusammenfassung und Ausblick

Ottopartikelfilter stellen eine effiziente Maßnahme zur Partikelanzahlminderung dar. Wie hoch die Filtrationseffizienz des OPF's ist, hängt von vielen Faktoren ab. Diese Faktoren werden zum einen durch die Geometrie und Porengrößenverteilung des Ottopartikelfilters selbst definiert. Weiterhin bestimmt die mit Abgastemperatur und -volumenstrom zusammenhängende Durchströmungsgeschwindigkeit der Substratwand die Filtrationseffizienz. Darüber hinaus werden das Filtrationsverhalten und auch das Differenzdruckverhalten durch Asche- und Rußpartikelbeladung des Ottopartikelfilters beeinflusst.

Durch die Aufbringung einer katalytisch aktiven Beschichtung kann der OPF auch als Drei-Wege-Katalysator verwendet werden. Dazu bietet sich zum einen die Beschichtung auf der Substratwand, ähnlich dem Drei-Wege-Katalysator, und die Beschichtung in der Substratwand an. Die Untersuchungen offenbaren, dass mit den ersten Temperaturbelastungen des beschichteten Ottopartikelfilters mit Washcoatbeschichtung auf der Filterwand eine Veränderung der Beschichtung einhergeht. Dabei ist es unerheblich ob die Temperatur von mindestens 650 °C durch einen stationären Ofenbrand, eine dynamische Thermo-schockprozedur oder den Betrieb am Ottomotor erzeugt wird. Durch die Temperaturbelastung der Beschichtung werden die im Washcoat befindlichen Risse infolge unterschiedlicher thermischer Ausdehnungskoeffizienten und fortschreitender Trocknung vergrößert. Eine Washcoatbeschichtung in der Substratwand sowie eine geringe Beschichtungsmenge auf der Substratwand zeigt infolge der Temperaturbeanspruchung keine Veränderung.

Im weiteren Verlauf der Arbeit wird eine Gleichung hergeleitet, aus welcher die Permeabilität der Substratwand anhand der Porengrößen d_{10}, d_{50} und d_{90} berechnet werden kann. Anhand der Gleichung wird deutlich, dass die Permeabilität nicht nur durch die mittlere Porengröße, sondern viel mehr durch den gesamten Verlauf der Porendurchmesser beeinflusst wird.

In den folgenden beiden Abschnitten wird das Differenzdruck- und Filtrationsverhalten von unbeschichteten Ottopartikelfiltern infolge einer Ascheeinlagerung bewertet. Dabei wird aufgezeigt, wie sich die Permeabilität der Substratwand durch die Akkumulation von Ascheparti-keln verändert. Die Veränderung der Permeabilität weist eine Abhängigkeit von der Oberfläche der filternden Substratwände auf. Unter Zuhilfenahme der CFD-Simulation wird gezeigt, dass mit zunehmender Wandoberfläche die Permeabilität der Substratwand infolge Ascheablage-rung immer stärker beeinflusst wird. Dieses Verhalten ist den dichteren Ascheablagerungen bei höheren Wandoberflächen geschuldet. Mit zunehmender Größe des OPF's nimmt die Wand-durchströmungsgeschwindigkeit der Substratwand ab und das Wanddurchströmungsprofil ist homogen. In einem kleineren Ottopartikelfilter ist das Wanddurchströmungsprofil zunehmend inhomogener, da sich die Strömung und der Wanddurchtritt des Abgases zum Austritt des Ot-topartikelfilters konzentriert. Mit zunehmender Wandoberfläche des Ottopartikelfilters nimmt der Anstieg der Filtrationseffizienz bei höheren Reynoldszahlen der Wanddurchströmung mit zunehmender Aschebeladung stark zu. Bei geringen Wandoberflächen weist die Filtrationsef-fizienz in Abhängigkeit der Reynoldszahl bzw. des Abgasvolumenstroms ein nahezu konstan-tes Niveau auf und nimmt mit einer Aschebeladung kontinuierlich zu.

Große Ottopartikelfilter weisen eine sinkende Filtrationseffizienz in Abhängigkeit des Abgas-volumenstroms auf. Bei geringen Abgasvolumenströmen werden die Partikel diffusiv infolge der geringen Durchströmungsgeschwindigkeiten sehr effizient gefiltert.

© Springer Fachmedien Wiesbaden GmbH, ein Teil von Springer Nature 2018
D. Nowak, *Ruß- und Aschedeposition in Ottopartikelfiltern*,
AutoUni – Schriftenreihe 115, https://doi.org/10.1007/978-3-658-21258-2_7

Aus diesem Grund ist in diesem Bereich kaum noch eine Steigerung der Filtrationseffizienz durch Ascheeinlagerung möglich. Weiterhin ist zu erkennen, dass die MPPS der Ottopartikelfilter mit zunehmender Aschebeladung und sinkender Wandoberfläche verringert wird. Kleine OPF's weisen bereits bei moderaten Partikelgrößen und Abgasvolumenströmen eine Steigerung der Filtrationseffizienz auf wohingegen dies bei großen Bauteilen erst bei höheren Werten der Fall ist. Eine Aschebeladung wirkt sich positiv auf die Filtration von Partikeln bis 30 nm Durchmesser aus. Diese Partikelgrößen werden von jedem unbeladenen Ottopartikelfilter nahezu vollständig gefiltert. Die durchgeführten Untersuchungen geben Aufschluss über den eintretenden Filtrationsanstieg mit zunehmender Laufleistung des Fahrzeugs. Somit lassen sich applikative Änderungen oder auch bauteilspezifische Verschlechterungen des Partikelanzahlemissionswertes, wie z.B. der Injektoren, bewerten.

Das letzte Teilkapitel bewertet das Rußeinlagerungsverhalten von unterschiedlichen Ottopartikelfiltern mit und ohne Beschichtung. Hierzu wird, unter Zuhilfenahme des Simulationsmodells, die Wandpermeabilität des Ottopartikelfilters infolge der Rußbeladung berechnet. Im unveraschten Zustand der Bauteile wird deutlich, dass die Abnahme der Wandpermeabilität durch Rußeinlagerung umso größer ist, je höher die Startpermeabilität der unbeladenen Substratwand ausfällt. Außerdem wird deutlich, dass ein Ottopartikelfilter nur einen Tiefenfiltrationseffekt aufweist, wenn die berechnete Rußablagerungspermeabilität in Abhängigkeit der spezifischen Rußbeladung eine steigende Tendenz aufweist. OPF's mit hoher Startpermeabilität weisen mit steigender Rußbeladung eine Abnahme der Rußpermeabilität auf. Bauteile mit moderater Permeabilität zeigen eine konstante Ablagerungspermeabilität des Rußes wohingegen bei geringer Startpermeabilität ein Anstieg der Rußpermeabilität zu verzeichnen ist.

Dieses Verhalten ist durch das resultierende Partikeleinlagerungsvolumen in der Substratwand infolge der Beschichtung und Porenverblockung bestimmt. Bei kleinem Partikeleinlagerungsvolumen steigt die Ablagerungspermeabilität von Ruß mit zunehmender Beladung an, weil die Poren im Inneren bereits sehr früh gefüllt sind und sich die Rußpartikel auf der Substratwand ablagern. Bei moderatem Einlagerungsvolumen bleibt die Ablagerungspermeabilität nahezu konstant bis sie bei hohem Einlagerungsvolumen mit zunehmender Rußbeladung infolge fortschreitender Porenverblockung abnimmt.

Bezüglich des Differenzdrucks kann sich eine Aschebeladung von Ottopartikelfiltern als positiv erweisen, da das Partikeleinlagerungsvolumen verringert wird und sich weniger Rußpartikel im Inneren des Porengefüges ablagern können. OPF's mit hoher Permeabilität erfahren infolge von Ascheakkumulationen vorerst einen Wechsel von sinkender zu steigender Rußablagerungspermeabilität mit steigender Beladung bei leichter Abnahme der mittleren Rußpermeabilität. Weiterhin weist jeder untersuchte Ottopartikelfilter eine mit zunehmender Rußbeladung steigende Ablagerungspermeabilität auf wenn im Bauteil eine Ascheakkumulation vorhanden ist. Durch dieses beschriebene Verhalten besteht die Möglichkeit, dass die resultierende Permeabilität der Substratwand mit Asche- und Rußbeladung höher ist als selbige nur mit einer Rußbeladung.

Aus diesem Grund kann bei Ottopartikelfiltern, bei welchen der beschriebene Effekt auftritt, der Differenzdruck mit Rußbeladung durch eine Aschebeladung reduziert werden. Davon sind gemäß den Untersuchungen nur Partikelfilter mit einer moderaten bis geringen Startpermeabilität betroffen.

Unbeschichtete Ottopartikelfilter weisen im untersuchten Rußbeladungsbereich eine mit zunehmender Asche- und Rußbeladung sinkende resultierende Wandpermeabilität und einen zunehmenden Differenzdruck auf. Die Ausnahme bildet der OPF mit moderater Beschichtungsmenge in der Wand, welcher mit zunehmender Aschebeladung einen stärkeren Tiefenfiltrationseffekt zeigt. Die Untersuchungen geben darüber Aufschluss, dass das Auftreten eines Tiefenfiltrationseffektes nicht zwangsläufig durch in der Substratwand abgelagerte Rußpartikel hervorgerufen wird, sondern hierfür vor allem die Rußpermeabilität und die Reaktion des OPF's auf eine Wandpermeabilitätsänderung verantwortlich ist.

Die Filtrationseffizienz nimmt mit zunehmender Ruß- und Aschebeladung kontinuierlich zu. Ottopartikelfilter mit moderater Washcoatbeladung weisen eine sehr geringe Filtrationseffizienz von etwa 40 % im Frischzustand auf. Durch die moderate Beschichtungsmenge werden Poren zunehmend verschlossen, woraufhin die Strömungsgeschwindigkeit in den Poren gesteigert wird und die diffusive Abscheidewahrscheinlichkeit sinkt. Mit zunehmender Porenverblockung infolge einer Asche- und Rußdeposition wird dieser Effekt offenbar überkompensiert und die Filtrationseffizienz steigt. Die Filtrationseffizienz weist keine direkte Abhängigkeit von der Permeabilität der Substratwand auf. Das mit variierender Beschichtungsmenge variierende Differenzdruckverhalten bewirkt, dass der Differenzdruckmesswert keinen Aufschluss über die im OPF eingelagerte Ruß- oder Aschemenge geben kann. Aufgrund der Tatsache, dass der Differenzdruck infolge Regeneration zyklisch auftritt, lassen sich anhand dieser Untersuchungen die systembedingten Grenzen festlegen.

Es ist über die Untersuchungen in dieser Arbeit hinaus von großem Interesse wie sich die Morphologie der Ascheablagerungen bei Variation von Betriebsparametern verhält. Hier sei zum einen der Abgasmassenstrom erwähnt. Der Einfluss von Ascheeinlagerungen in beschichteten OPF's muss beurteilt werden. Hinzukommend kann eingelagerte Asche die Aktivität und Sauerstoffspeicherfähigkeit der katalytischen Beschichtung durch mechanische Verblockung und chemische Deaktivierung schädigen, weswegen ein Verständnis für die Alterung von Beschichtungen auf Ottopartikelfiltern gebildet werden muss.

Es ist von großem Interesse die Filtrationsvorgänge in einem Ottopartikelfilter abhängig von der Geometrie und Aschebeladung, zur optimierten Auslegung des Bauteils, anhand von Simulationen auf gewisse Kernparameter zurückführen und bewerten zu können.

Durch die Aschebeladung des OPF's nimmt die Masse kontinuierlich zu, welche bei der Auslegung des Lagerungssystems mit Fasermatte und Canning bezüglich der Beschleunigungskräfte berücksichtigt werden muss. Das verschlechterte Light-Off Verhalten beschichteter OPF's bei Aschebeladung infolge thermischer erhöhter Trägheit muss ermittelt werden.

Die Ausarbeitung einer Regenerationsstrategie mit ausreichend warmem OPF und hoher Sauerstoffkonzentration im Abgas ist für die Serieneinführung, ohne die dabei entstehenden Sekundäremissionen zu vernachlässigen, von hoher Priorität.

Literaturverzeichnis

1. Gerstenberg, Jan, Hartlief, Helmut und Tafel, Stephan. RDE-Entwicklungsumgebung am hochdynamischen Motorprüfstand, Ausgabe8/2015. ATZextra. 2015, S. 36-41.

2. Eilts, Peter. Vorlesungsskriptum Verbrennungskraftmaschinen 2. Braunschweig : 2010.

3. George, Sam und Heibel, Achim. Next Generation Cordierite Thin Wall DPF for Improved Pressure Drop and Lifetime Pressure Drop Solution, ISSN 0148-7191, DOI: 10.4271/2016-01-0940. SAE International. 5. April 2016.

4. Walz, Christian. NOx-Minderung nach dem SCR-Verfahren: Untersuchungen zum Einfluss des NO2-Anteils, Dissertation. Karlsruhe : 2000.

5. Sappok, Alexander G. The Nature of Lubricant-Derived Ash-Related Emissions and Their Impact on Diesel Aftertreatment System Performance, Ph.D. -Thesis. Massachusetts : 2009.

6. Gnielinkski, Volker, et al. VDI-Wärmeatlas, ISBN 3-540-25504-4, 10. Auflage. Berlin : Springer-Verlag Berlin Heidelberg 2006, 2006.

7. Radespiel, Rolf. Vorlesungsskriptum Strömungsmechanik 1. Braunschweig : 2008.

8. Zierep, Jürgen und Bühler, Karl. Grundzüge der Strömungslehre (Grundlagen, Statik und Dynamik der Fluide), ISBN 978-3-658-11796-2 DOI: 10.1007/978-3-658-11797-9, 10., überarbeitete und erweiterte Auflage. Karlsruhe : Springer Fachmedien Wiesbaden, 2015.

9. Neumann, Tim. Mehrphasige Durchströmung heterogener kompressibler poröser Medien, Dissertation. Berlin : 2007.

10. Umweltbundesamt. www.umweltbundesamt.de. [Online] 2016. [Zitat vom: 27. 02 2017.] http://www.umweltbundesamt.de/themen/verkehr-laerm/emissionsstandards/pkw-leichte-nutzfahrzeuge.

11. Ohara, E., et al. Filtration Behavior of Diesel Particulate Filters (1), ISSN 0148-7191, DOI: 10.4271/2007-01-0921. SAE International. 16. April 2007.

12. Harald, Bresch. Photoionisation von freien Aerosolpartikeln mit Synchrotronstrahlung, Dissertation. Berlin : 2007.

13. Jordan, Frank. Untersuchungen zum Partikelabscheideverhalten submikroner Partikel in Faserfiltern im elektrischen Feld, Dissertation. Düsseldorf : 2001.

14. Otani, Yoshio, Kanaoka, Chikao und Emi, Hitoshi. Experimental Study of Aerosol Filtration by the Granular Bed Over a Wide Range of Reynolds Numbers, DOI: 10.1080/02786828908959286. Aerosol Science and Technology. 7. Jun 2007.

15. Laurien, Eckart und Oertel jr., Herbert. Numerische Strömungsmechanik, ISBN 978-3-658-03144-2, DOI: 10.1007/978-3-658-03145-9. Wiesbaden : Springer Vieweg, 2013.

16. Sappok, Alexander G. und Wong, Victor W. Detailed Chemical and Physical Characterization of Ash Species in Diesel Exhaust Entering Aftertreatment Systems, ISSN 0148-7191, DOI: 10.4271/2007-01-0318. SAE International. 16. April 2007.

17. MAHLE GmbH. Kolben und motorische Erprobung, ISBN 978-3-658-09557-4, 2., überarbeitete Auflage. Stuttgart : Springer Fachmedien Wiesbaden, 2015.

18. Künzel, Reiner. Untersuchung der Kolbenbewegung in Motorquer- und Motorlängsrichtung, Dissertation, Schriftenreihe des Instituts für Verbrennungsmotoren und Kraftfahrwesen der Universität Stuttgart, Band 3, ISBN 3-8169-1529-9. Stuttgart : expert verlag, 1997.

© Springer Fachmedien Wiesbaden GmbH, ein Teil von Springer Nature 2018
D. Nowak, *Ruß- und Aschedeposition in Ottopartikelfiltern*,
AutoUni – Schriftenreihe 115, https://doi.org/10.1007/978-3-658-21258-2

19. Feind, Klaus. Strömungsuntersuchungen bei Gegenstrom von Rieselfilmen und Gas in lotrechten Rohren, VDI-Forschungsheft 481. Düsseldorf : VDI-Verlag, 1960.

20. Meinecke, Mathias. Tribosystem Ventilschaft/-führung, FVV-Vorhaben Nr. 556, Öltransportmechanismen an den Ventilen von 4-Takt Dieselmotoren. Frankfurt : 1995.

21. Völtz, Martin. Einfluss des Motorenöls auf den Ölverbrauchs, Vortrag, gehalten auf der 50. Technischen Arbeitstagung Hohenheim am 19. März 1997. Hamburg : 1997.

22. Wloka, Matthias. Entwicklung eines Meßaufbaus zur separaten Ermittlung des Ölverbrauchs über die Ventilschaftabdichtungen an einem 1.9l-TDI-Dieselmotor, Studienarbeit. Wolfsburg : 1998.

23. Nicht oxidierbare Rückstände aus der dieselmotorischen Verbrennung - zusätzliche Anforderungen an die Partikelfiltertechnik von Nutzfahrzeugmotoren. Dittler, Achim und Gärtner, Uwe. München, Haus der Technik : 2009. Motorische Verbrennung - Aktuelle Probleme und moderne Lösungsansätze (IX- Tagung).

24. Gaiser, Gerd und Mucha, Patrick. Prediction of Pressure Drop in Diesel Particulate Filters Considering Ash Deposit and Partial Regenerations, ISSN 0148-7191, DOI: 10.4271/2004-01-0158. SAE International. 8. März 2004.

25. Dittler, Achim. Ash Transport in Diesel Particle Filters, ISSN 0148-7191, DOI: 10.4271/2012-01-1732. SAE International. 10. September 2012.

26. Givens, W.A., et al. Lube Formulation Effects on Transfer of Elements to Exhaust After-Treatment System Components, ISSN 0148-7191, DOI: 10.4271/2003-01-3109. SAE International. 27. Oktober 2003.

27. Custer, Nicholas, et al. Lubricant-Derived Ash Impact on Gasoline Particulate Filter Performance, ISSN 1946-3944, DOI: 10.4271/2016-01-0942. SAE International. 5. April 2016.

28. Shao, Huifang, et al. Effect of Lubricant Oil Properties on the Performance of Gasoline Particulate Filter (GPF), ISSN 1946-3960, DOI: 10.4271/2016-01-2287. SAE International. 17. Oktober 2016.

29. Lambert, Christine, et al. Analysis of High Mileage Gasoline Exhaust Particle Filters, ISSN 1946-3944, DOI: 10.4271/2016-01-0941. SAE International. 5. April 2016.

30. Siemens. Typenschild Leistungsbremse Prüfstand E37. Wolfsburg : 2016.

31. AVL List. AVL FUEL MASS FLOW METER & FUEL TEMPERATURE CONTROL, Product Description. Graz : 2009.

32. Volkswagen AG. Die neue Ottomotoren-Baureihe EA211 - Konstruktion und Funktion, Selbststudienprogramm 511. Wolfsburg : After Sales Qualifizierung, 2013.

33. ABB Automation Products. Sensyflow: Technische Information und Meßprinzip. Alzenau

34. ETAS GmbH. INCA V7.0 Schnelleinstieg. Stuttgart : 2010.

35. AVL List. AVL AMA i60 Exhaust Measurement System. [Online] AVL List. [Zitat vom: 01. April 2016.] https://www.avl.com/-/avl-ama-i60-exhaust-measurement-system.

36. WIKA Alexander Wiegand SE & Co. KG . Einsatz von Thermoelementen, Wika Datenblatt IN 00.23 . 02/2016. Klingenberg : 2016.

37. AVL List. AVL Particle Counter, Product Guide, AT2858D, Rev. 05. Graz : 2010.

38. AVL List. AVL Micro Soot Sensor AVL Abgaskonditioniereinheit, Gerätehandbuch Product Guide, AT2249D, Rev. 07. Graz : 2008.

39. Lantermann, Udo. Simulation der Transport- und Depositionsvorgänge von Nanopartikeln in der Gasphase mittels Partikel-Monte-Carlo- und Lattice-Boltzmann-Methoden, Dissertation. Berlin : 2006.

40. ISO 8178-1:2017(E), Annex A.1.

41. TSI Incorporated. Model 3090 Engine Exhaust Particle Sizer Spectrometer, Operation and Service Manual, P/N 1980494, Revision F. Shoreview : 2009.

42. TSI Incorporated. Model 3090 Engine Exhaust Particle Sizer Spectrometer, P/N 2980244, Rev. A. 2005.

43. Dekati Ltd. www.dekati.com. [Online] Dekati Ltd. [Zitat vom: 5. April 2016.] http://www.dekati.com/products/Aerosol%20Sample%20Conditioning/Dekati%C2%AE%20Dilu ter.

44. Dekati Ltd. Dekati Diluter - User Manual ver. 5.3. Kangasala : 2015.

45. WIKA Alexander Wiegand SE & Co. KG. Druckmessumformer für Präzisionsmessungen, Typ P-30 Standardausführung, Typ P-31 frontbündige Ausführung, WIKA Datenblatt PE 81.54 10/2014. Klingenberg : 2014.

46. Finze, Maik, et al. Allgemeine und Anorganische Chemie, ISBN 978-3-662-45066-6, DOI: 10.1007/978-3-662-45067-3. Berlin : Springer Berlin Heidelberg, 2016. Bd. 3.

47. Brooks Instruments. Brooks MF Series smart mass flow meters and controllers. Irigny : 2002.

48. KELLER AG für Druckmesstechnik. Kapazitiver Drucktransmitter - Serie 41 X, Serie 41 X Ei. Winterthur : 2010.

49. Matter Engineering AG. Preliminary Datasheet CAST 2 (02/16/04), SKM 021016-17a (16.08.04). Wohlen : 2004.

50. AVL List. Gerätehandbuch AVL 415S Rauchwertmeßgerät, Gerätehandbuch, AT1240D, Rev. 01. Graz : 2003.

51. Zhang, Xiaogang, Tennison, Paul und Yi, Jianwen. 3-D Numerical Study of Fluid Flow and Pressure Loss Characteristics through a DPF with Asymmetrical Channel size, ISSN 0148-7191, DOI: 10.4271/2011-01-0818. SAE International. 12. April 2011.

52. Twickler, Jan. Wortzitat. Wolfsburg : 2015.

53. Sutherland, William. The viscosity of gases and molecular force, DOI: 10.1080/14786449308620508. Philosophical Magazine Series 5. 1893.

54. Harris, Thomas, et al. Engine Test Protocol for Accelerated Ash Loading of a Diesel Particulate Filter, ISSN 0148-7191, DOI: 10.4271/2011-01-0607. SAE International. 12. April 2011.

55. Zarvalis, Dimitrios, Lorentzou, Souzana und Konstandopoulos, Athanasios G. A Methodology for the Fast Evaluation of the Effect of Ash Aging on the Diesel Particulate Filter Performance, ISSN 0148-7191, DOI: 10.4271/2009-01-0630. SAE International. 20. April 2009.

56. Youngquist, Adam D., et al. Development of an Accelerated Ash Loading Protocol for Diesel Particulate Filters, ISSN 0148-7191, DOI: 10.4271/2008-01-2496. SAE International. 6. Oktober 2008.

57. Sappok, Alexander G., Beauboeuf, Daniel und Wong, Victor W. A Novel Accelerated Aging System to Study Lubricant Additive Effects on Diesel Aftertreatment System Degradation, DOI: 10.4271/2008-01-1549. SAE International. 23. Juni 2008.

58. Jorgensen, James E. Developing an Accelerated Aging System for Gasoline Particulate Filters and an Evaluation Test for Effects on Engine Performance, Master-Thesis. Massachusetts : 2014.

59. Horiba. Bedienungsanleitung Dynas 3. 2006.

60. THERMCONCEPT Dr. Fischer GmbH & Co. KG. Bedienungsanleitung Umluft Kammeröfen. Bremen

61. Sartorius AG. Betriebsanleitung Sartorius Masterpro Serie LA-Modelle Elektronisch Analysen- und Präzisionswaagen, 98648-007-58. Göttingen

62. Volkswagen AG. Thermoschockverhalten, Prüfvorschrift. Kassel : 1993.

63. Bronstein, I.N., et al. Taschenbuch der Mathematik, ISBN 978-3-8171-2007-9. Frankfurt am Main : Verlag Harri Deutsch, 2008.

64. Maplesoft. http://www.maplesoft.com. [Online] [Zitat vom: 24. Mai 2017.] http://www.maplesoft.com/index.aspx.

65. Chandrashekar, R. und Segar, J. Adiabatic thermostatistics of the two parameter entropy and the role of Lambert's W-function in its applications, Physica A 392 (2013) 4299-4315. Elsevier. 13. Juni 2013.

66. Konstandopoulos, Athanasios G., Skaperdas, Evangelos und Masoudi, Mansour. Microstructural Properties of Soot Deposits in Diesel Particulate Traps, ISSN 0148-7191, DOI: 10.4271/2002-01-1015. SAE International. 4.-7. März 2002.

A Anhang

A.1 Liste der Untersuchungshistorie der Ottopartikelfilter aus Kapitel 6.1

Tabelle A.1: Untersuchungshistorie der Ottopartikelfilter aus Kapitel 6.1

	OPF 1	OPF 2	OPF 3	OPF 4	OPF 5
OPF Typ	hoch beschichtet on wall	hoch beschichtet on wall	hoch beschichtet on wall	niedrig beschichtet on wall	niedrig beschichtet in wall
1	Messung Δp	Messung Δp	Konditionierung Motor	Messung Δp	Messung Δp
2	Messung FE	Ofenalterung	Messung Δp	Ofenalterung	Ofenalterung
3	Regeneration in Ofen und Thermoschock	Messung Δp	Messung FE	Messung Δp	Messung Δp
4	Messung Δp	Messung FE	Regeneration Ofen	Messung FE	Messung FE
5	Messung FE	Regeneration in Ofen und Thermoschock	Messung Δp	Regeneration in Ofen und Thermoschock	Regeneration in Ofen und Thermoschock
6	Messung Δp mit Ruß	Messung Δp	Messung FE	Messung Δp	Messung Δp
7		Messung FE	Regeneration in Ofen und Thermoschock	Messung FE	Messung FE
8		Messung Δp mit Ruß	Messung Δp	Messung Δp mit Ruß	Messung Δp mit Ruß
9			Messung FE		
10			Messung Δp mit Ruß		

© Springer Fachmedien Wiesbaden GmbH, ein Teil von Springer Nature 2018
D. Nowak, *Ruß- und Aschedeposition in Ottopartikelfiltern*,
AutoUni – Schriftenreihe 115, https://doi.org/10.1007/978-3-658-21258-2